高等教育工业设计专业系列教材

商品的诞生
Birth Of Goods

产品的设计与开发

李娟 潘荣 董星涛 金惠红 编著

中国建筑工业出版社

图书在版编目(CIP)数据

商品的诞生　产品的设计与开发/李娟，潘荣等编著.
北京：中国建筑工业出版社，2005
（高等教育工业设计专业系列教材）
ISBN 978-7-112-07219-4

Ⅰ.商... Ⅱ.①李...②潘... Ⅲ.工业产品—
设计—高等学校—教材 Ⅳ.TB472

中国版本图书馆CIP数据核字(2005)第111722号

责任编辑：李晓陶　马　彦　李东禧
正文设计：徐乐祥　夏盈翀
责任设计：廖晓明　孙　梅
责任校对：刘　梅　孙　爽

高等教育工业设计专业系列教材
商品的诞生
Birth Of Goods
产品的设计与开发
李娟　潘荣　董星涛　金惠红　编著
*
中国建筑工业出版社出版、发行（北京西郊百万庄）
各地新华书店、建筑书店经销
北京建筑工业印刷厂印刷
*
开本：787×960毫米　1/16　印张：10½　字数：250千字
2005年10月第一版　2010年9月第三次印刷
印数：4501—6000册　定价：38.00元
ISBN 978-7-112-07219-4
　　　　(13173)

版权所有　翻印必究
如有印装质量问题，可寄本社退换
（邮政编码100037）

总　序

　　自1919年德国包豪斯设计学校设计理论确立以来，工业设计师进一步明确了自身的任务和职责，并形成了工业设计教育的理论基础，奠定了工业设计专业人才培养的基本体系。工业设计始终紧扣时代的脉搏，本着把技术转化为与人们生活紧密相联的用品、提高商品品质、改善人的生活方式等目的，在走过的近百年历程中其产生的社会价值被广泛关注。我国的工业设计虽然起步较晚，但发展很快。进入21世纪之后，工业设计凭借我国加入WTO的良好机遇，将会对我国在创造自己的知名品牌和知名企业，树立中国产品的形象和地位，发展有中国文化特色的设计风格，增强我国企业和产品在国际国内市场的竞争力等等方面起到特别重要的意义。

　　同时，经过20多年的发展，我国的设计教育也随之有了迅猛的飞跃，根据教育部的2004年最新统计，设立工业设计专业的高校已达219所。按设置有该专业的院校数量来排名，工业设计专业名列工科类专业的前8名，大大超过了绝大多数的传统专业。如何在高等教育普及化的背景下培养出合格、优秀的设计人才，满足产业发展和市场对工业设计人才的需求，是我国工业设计教育面临的新挑战，也是设计教育发展和改革需要深入研究和探讨的重要课题。

　　近年来，工业设计教材的编写得到了高校和各出版单位的高度重视，国内出版的书籍也由原来的凤毛麟角开始转向百花齐放，这对人才培养的质量和效果都起到了积极的意义。浙江省由于市场经济活跃、中小企业林立而且产品研发的周期较快，为工业设计的教学和发展提供了肥沃的土壤。浙江地区设置工业设计专业的高校就有20多所，因此，为工业设计教学的发展作出自己的努力是浙江高校义不容辞的责任。在中国建筑工业出版社的鼎力支持下，我们组织出版了这套高等教育工业设计专业系列教材，希望对我国工业设计教育体系的建立与完善起到积极的作用。

　　参与编写工作的老师们都在多年的教学实践中积累了丰富的教学心得，并在实际的设计活动中获得了大量的实践经验和素材。他们从不同的视点入手，对工业设计的方法在不同角度和层面进行了论述。由于本系列教材的编写时间仓促，其中难免会有不足之处，但各位编著者所付出的心血也是值得肯定的。我作为本套教材的组织人之一，对参加编辑出版工作的各位老师的辛勤工作以及中国建筑工业出版社的支持表示衷心的感谢！

潘　荣

2005年2月

编委会

主　编：潘　荣　李　娟

副主编：赵　阳　陈昆昌　高　筠　孙颖莹　雷　达　杨小军
　　　　林　璐　李　锋　周　波　乔　麦　于　默　（排名无先后顺序）

编　委：于　帆　林　璐　高　筠　乔　麦　许喜华　孙颖莹
　　　　杨小军　李　娟　梁学勇　李　锋　李久来　陈昆昌
　　　　陈思宇　潘　荣　蔡晓霞　肖　丹　徐　浩　蒋晟军
　　　　阚　蔚　朱麒宇　周　波　于　默　吴　丹　李　飞
　　　　陈　浩　肖金花　董星涛　金惠红　余　彪　陈胜男
　　　　秋潇潇　王　巍　许熠莹　张可方　徐乐祥　陶裕仿
　　　　傅晓云　严增新　（排名无先后顺序）

参编单位：
　　　　浙江理工大学艺术与设计学院
　　　　中国美术学院工业设计系
　　　　浙江工业大学工业设计系
　　　　中国计量学院工业设计系
　　　　浙江大学工业设计系
　　　　江南大学设计学院
　　　　浙江科技学院艺术设计系
　　　　浙江林学院工业设计系
　　　　中国美术学院艺术设计职业技术学院

目　录

前言

010~028　第一章　产品设计与开发导论
　　　　　　一、新产品和新产品的开发
　　　　　　二、新产品的分类
　　　　　　三、新产品和成功新产品的特点
　　　　　　四、新产品的产品周期
　　　　　　五、产品的商品化
　　　　　　六、产品设计与开发中工业设计的原则
　　　　　　七、产品设计与开发中两种主要设计过程系统
　　　　　　八、商品诞生系列链中的设计与管理

030~044　第二章　调查市场和发现市场
　　　　　　一、什么是市场和细分市场
　　　　　　二、什么是发现市场机会的方法
　　　　　　三、什么是了解市场的重要途径
　　　　　　四、怎么学会判别市场机会的价值

046~068　第三章　产品设计与开发概念的生成
　　　　　　一、产品创新的核心及产品概念生成
　　　　　　二、适合全新产品设计与开发的概念生成活动
　　　　　　三、适合全新产品设计与开发的有关概念生成的提示内容
　　　　　　四、一种适合全新产品开发概念生成的分类树工作方法
　　　　　　五、适合改良产品概念生成的几种具体方法
　　　　　　六、在概念生成活动中如何处理复杂的问题
　　　　　　七、在概念生成活动中如何进行内部研究
　　　　　　八、在概念生成活动中如何进行外部研究
　　　　　　九、如何利用已经出版的文献和专利进行产品的概念设计研究
　　　　　　十、概念甄别系统
　　　　　　十一、概念设计阶段的挑战
　　　　　　十二、产品概念生成活动中容易发生的问题和错误
　　　　　　十三、在概念设计阶段对工业设计师的能力要求

070~090　第四章　产品工程设计基础
　　一、常用工程 CAD 软件介绍
　　二、参数化设计
　　三、三维 CAD 系统的装配设计技术
　　四、什么是装配模型

092~118　第五章　关于新产品的市场营销
　　一、如何翘动市场，让市场应产品而动
　　二、产品的竞争战略
　　三、产品的品牌策略
　　四、产品的定价策略
　　五、产品的分销渠道策略
　　六、产品的促销策略
　　七、产品的广告策略
　　八、公共关系
　　九、营销策划书编制

120~134　第六章　产品设计与开发中需要知道的问题
　　一、什么是知识产权
　　二、知识产权保护的策略
　　三、专利有哪些种类和特点
　　四、授予专利权的条件
　　五、专利说明书的内容和书写方式
　　六、怎样查阅和使用中国专利文献

136~144　第七章　课题要求和题目
　　一、产品设计与开发课题要求
　　二、产品设计与开发中易出现的问题
　　三、设计报告主要内容详解
　　四、适合本课程的设计开发的课题题目

145~165　第八章　产品设计与开发案例

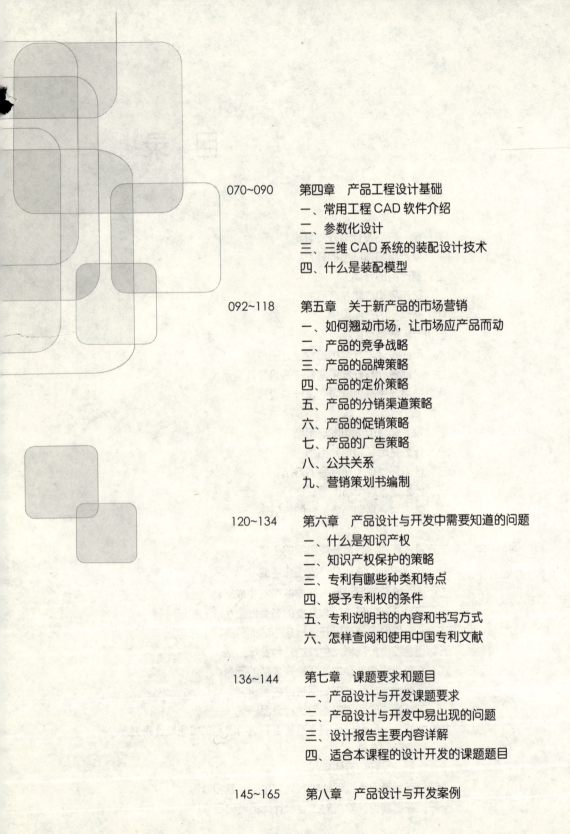

前 言

在现代社会中,工业产品设计影响着我们生活的每一个层面,改善着我们的物质生活。不论是在休闲、旅行,还是在工作中,我们都被称之为设计的东西所包围着。

人类的世界是一个设计的世界,所有这些设计是怎么产生的?是在什么时候,又是为什么而产生的?它们是怎么制造的?而且是怎样运行的?又是怎样的程序?需要哪一些知识结构的人来参与?

这里讲述的是设计的故事,也就是商品诞生的故事。

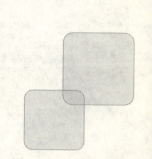

本书献给我们工业设计的学生及从事设计相关专业并从中获得启发的新产品开发的设计师和设计管理者

本章提示:

作为工业设计的在校学生和企业的产品开发者,以及开发的管理者,您了解下列问题吗?

一、新产品和新产品的开发

二、新产品的分类

三、新产品和成功新产品的特点

四、新产品的产品周期

五、产品的商品化

六、产品设计与开发中工业设计的原则

七、产品设计与开发中两种主要设计过程系统

八、商品诞生系列链中的设计与管理

学习的目的和要求:

通过本章的学习,了解新产品的产生,新产品的分类,掌握新产品的特点、含义,了解新产品生命周期,知道新产品开发的定义和设计原则,以及新产品开发团队中从开始到结束的人员配置问题,在商品诞生系列链中对人员的要求,并且学习产品设计与开发的两种主要设计过程系统。

商品的诞生
Birth Of Goods

第一章 产品设计与开发导论

一、新产品和新产品的开发

新产品看起来很简单，内涵概念却非常丰富。对新产品，不同的组织与个人都会有不同的看法。在讨论整个商品诞生前，我们必须对新产品有一个尽可能全面的认识。总的说来，新产品是对于老产品或旧产品而言的。因此，新产品只是一个相对意义上的概念。对于新产品的定义各国有所不同，难以下一个国际统一的定义。同时，这类定义随着时间的推移也在不断完善，为此，这里介绍几种代表性的定义，以供参考。

1．我国对新产品的定义

我国国家统计局对新产品有如下规定："新产品必须是利用本国或外国的设计进行试制或生产的工业产品。新产品的结构、性能或化学成分比老产品优越。就全国范围来说，是指我国第一次试制成功的新产品。就一个部门、地区或企业来说，是指本部门、本地区或本企业第一次试制成功的新产品。"

上述规定比较明确地规定了新产品的含义和界限，这就是：新产品必须具有市场所需求的新功能，在产品结构、性能、化学成分、用途及其他方面与老产品有着显著差异。

根据上述定义，除了那些采用新原理、新结构、新配方、新材料、新工艺制成的产品是新产品外，对老产品的改良、变形、新用途开拓等也可称为新产品。

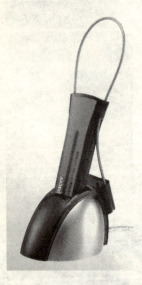

说明：这是一种USB2.0高速随身碟的新产品，以其产品设计的绝佳功能与效果表现，原创性、人性化的外形设计，被誉为全球最高速的随身碟

2．美国和加拿大对新产品的定义

（1）对绝大多数顾客来说是陌生的或新鲜的，人们暂时还不了解它的用途，以及购买它的理由；

（2）创建或扩展了一个新的产品大类的产品；

（3）需要为产品建立与此相对应的全新的销售渠道。

3. 日本对新产品的定义

(1) 具有新的使用功能，具备其他产品所不能做到的质量和功能的产品；
(2) 具有新的构思的产品；
(3) 具有在研究上、技术上和生产上有创新的产品；
(4) 具有能满足新的市场与新的服务的产品。

开发、设计、研究新产品的目的和本质是为人类服务，提高人们的生活质量。对企业来说，开发新产品主要在于销售，而销售的目标是消费者，最终决定命运的也是消费者。因此，如果不能满足消费者的需求和利益的商品，就不是优秀的新产品。不管何种定义，新产品必须是：

(1) 反映新的技术开发；
(2) 敏感地反映时代的变迁；
(3) 必须反映广大消费者新的欲望和需要；
(4) 有新的创造性的构思、功能等，给消费者以方便性和意外性；
(5) 便于生产并能有利于企业在市场上开拓独特的销售渠道。

说明：这是运用新技术而设计的LCD显示器，它采用了液晶控制透光度技术来实现色彩的显示。它的优势突出在轻巧简便、功耗节约和环保护眼，能满足消费者追求健康生活的新观念。

必须指出，由于各国经济、文化、政治、民族、宗教、传统习惯、自然条件等因素的差异，对新产品的理解有所不同，且随着时代变迁其定义也在发展。因此，判断新产品还要考虑是在何时、何地和由谁来开发等因素。新产品在一定区域或行业范围内凡是能给顾客带来某种新的满足、新的利益的产品，都可称之为新产品。

新产品必须具有先进性、新颖性和适用性。

4. 现代意义的新产品的开发

现代意义的新产品的开发是指产品的创新和将产品的要素合理组合，以获得更大效益的全过程的活动。新产品的开发包括了产品的规划、产品从构思到试制、生产和销售，以及产品的品牌策划等方面的活动。

二、新产品的分类

为了使学生在进行新产品开发设计时，对产品开发设计能有计划、有组织地进行工作，有必要将"新产品分类"进行讲述，以明确工业设计的职责和权限，使工作更加有效地开展。

商品的诞生
Birth Of Goods

说明：新技术带动了新工艺的发展，科学的发展也出现了大量新的材料，这些都给了设计师无限的发挥空间，使得坐椅这种传统的家具被赋予了新的生命。

1. 根据产品目标进行分类的新产品

技术尺度		现行技术(水准)	改良技术	新技术
市场尺度的内容		靠公司现有的技术水平来吸收	充分利用企业现有的研究、生产技术	对企业新知识、新技术的导入，开发应用
现行市场	靠现有市场水平来销售	现行产品	再规格化产品	代替产品
			就现行的企业产品，确保原价、品质和利用度的最佳平衡的产品	靠现在未采用的技术比现行制品更新而且更好、规模化了的产品
强化市场	充分开拓现行产品的既存市场	再商品化产品	改良产品	扩大系列产品
		对现在的消费者层增加销售额的产品	为了提高更大的商品性和利用度，改良原有产品来增加销售额	随着新技术的导入，对原有使用者增加产品系列
新市场	新市场新需要的获得	新用途产品	扩大市场产品	新产品
		要开发利用企业现有产品的新消费者群	局部改变现有产品来开拓市场	在新市场销售由新技术开发的产品

2. 根据研究开发方法的分类

(1) 追求目的型的新产品	对问题或开发目的，应该做什么、能做什么……以此探究解决的方法和技术，用这种方法来开发新产品
(2) 应用原理型新产品	就成为问题的地方，从根本上探究其机构和原理，利用研究的结果和知识创造的新产品
(3) 类推置换型新产品	将其他新产品中所应用的知识、法则、材料及其智慧经验等成功的例子应用于自己所考虑的产品中去，用这种方法开发的新产品
(4) 分析统计型新产品	不是来自计划性的研究成果，而是综合汇集由经验和自古以来的知识等统一性事头，将其结果应用开发的新产品（不是实验计划的数据，而是凭借现有数据解析的方法）
(5) 技术指向型开发	这是以研究人员的技术兴趣和关心为主题，决定应开发什么产品，是一种从企业方面的观点来开发的方法，这种情况要求在较狭窄的领域中提高质量的信息
(6) 市场指向型开发	这是以市场信息为基础的经营者对市场的兴趣和关心为主题，决定应开发什么产品的方法。这种情况要求在较广的领域中的大量信息

3. 根据研究开发的过程分类

创新型产品：指采用了新的原理、新的技术、新的材料、新的制造工艺、新的设计构思而研制生产的，具有新结构、新功能的全新型产品。这种类型的产品往往与发明创造、专利等联系在一起	特点：具有明显的技术优势和经济优势，市场上的生命力较强。但开发中需要大量的资金和时间，而且市场风险比较大，需要建立全新的市场销售渠道。 根据调查，创新型产品只占市场新产品的10%左右
更新换代型新产品：指应用新技术原理、新的材料、新的元件、新设计构思，在结构、材质、工艺等某一方面有所突破，或较原产品有明显改进，从而显著提高了产品性能或扩大了使用功能，并对提高经济效益具有一定作用的产品	特点：具有一定程度的本质变化和一定的技术经济优势，产品的性能上有重大的改变；外部造型有比较大的改观；产品的功能及使用方便性上有比较大的改进。更新换代型新产品在开发的资金、时间、工作难度都要比创新型产品要小，在市场销售上往往不需要建立全新的市场销售渠道。 根据调查，更新换代型产品占市场新产品的10%左右
改良型新产品：指对原来的产品在性能、结构、外部造型或者包装等方面做出改变	特点：在功能上、结构上、造型形态上相对老产品都呈现出新的特点。开发的难度相对比较小，在销售上往往不需要建立新的市场销售渠道。 根据调查，改良型产品占市场新产品的26%左右
系列型新产品：指在原来的产品大类里，开发出来新的品种、新的花色、新的规格，是对老产品进行系统的延伸和开拓	特点：此类别的新产品与原来的大类别产品差异性不大，需要的开发资金、时间和开发的工作难度都要比新的产品要小，不需要建立全新的市场销售渠道。 根据调查，系列型产品开发占市场新产品的26%左右
降低成本型新产品：指对原来的产品利用新科技，改进生产工艺或者提高生产效率，降低生产成本，但是保持原来功能的产品	特点：降低成本型新产品的开发所需要的开发资金和时间，以及开发的工作难度都要比开发创新型的产品要小，不需要建立全新的市场销售渠道。 根据调查，降低成本型产品开发占市场新产品的11%左右

三、新产品和成功新产品的特点

1. 新产品特点

(1) 先进性

从技术上,新产品由于在一定程度上应用了新的科学技术、新的材料、新的工艺、新的原理,所以新产品大多数具有了新技术的特征。从消费者来讲,由于新产品具备了新的结构、新的功能,更加能适应消费者的需求和社会发展的需求。所以,新产品与以前的产品比较,商品价值(即满足人们的需求欲望)大幅度提高。

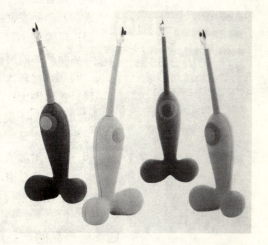

说明:这是瓦斯点火器,它是随着煤气灶的广泛应用而出现的新产品。

(2) 时效性

任何新产品都要随着消费者的需要、产品的市场周期和使用条件的变化而变化。产品本身也会随着时间的推移而消亡,产品使用条件和空间也将随着时间的推移而变化,这一切都说明新产品具有一定的时效性。

(3) 独特性

任何新产品都具有独特的加工工艺、独特的结构、独特的材料、独特的造型形态、独特的使用方法。在进入市场后要满足一定的消费层或者满足一部分人的个性需要,即在商品功能、材料、技术、造型等方面具有先进性和独创性。

(4) 系统性

新产品的诞生要求企业内各个部门的密切配合,如研究开发部门与生产、销售部门的配合。新产品的实现还必须依赖外部环境的密切配合,包括经济、政治环境及其他相关产业的技术水平发展等因素。

2. 成功新产品的特点

(1) 具有相对优势

成功的新产品能够更好地捕捉顾客吸引力,新产品和取代的老产品相比能获得的利益更大,获得利益的时间比较长,产品的生命周期也更长。

（2）兼容性

成功新产品在使用方法上与过去一致，兼容性比较好。

（3）风险较小

成功新产品的财务风险、健康风险、社会风险相对比较小，生命周期长，利润也比较大。

（4）差异性大

成功新产品不仅在外形上与老产品有较大的差异。同时，在使用功能上也优于市场上其他产品。

（5）产品附加值大

成功新产品投资小，资源、能源消耗低，附加值高，产出比大，产品档次高，更新换代快，且重视新技术的应用。

四、新产品的产品周期

一般把一个产品从开发研究到投放市场，再到退出市场为止的整个过程称作产品周期。

产品的周期是产品设计师和企业在市场经营中需要研究的重要课题，在进行新产品开发设计时，必须予以充分考虑。

对企业来说，由于产品是企业"利润的源泉"，因此，总希望生产的产品能无限期地生产下去。任何一项成功的新产品都会经历成长、成熟和衰退，以及最终退出市场而消亡的过程。

据不完全统计，现在百货公司经销的产品90%是20年前所没有的，估计再过20~30年这些商品90%也将消失。产品的生命周期随产品而异，从时装的几十天到汽车的几十年，持续时间不等。尽管每个国家、地区，每个产品生产周期不尽相同，但是，任何一个产品从其销售量和时间的增长变化来看，从开发生产到形成市场，直至衰退停产都有一定的规律性。

产品的周期一般分六个阶段：

第一阶段：产品开发期（企业内部进行的开发研究）

第二阶段：产品导入期（开始投放市场）

第三阶段：产品成长前期（被市场认可）

第四阶段：产品成长后期（与市场竞争）

第五阶段：产品成熟期（市场饱和状态）

第六阶段：产品衰退期（被市场淘汰）

每个产品都有其生产使用的生命周期，随着企业间竞争的激烈，企业研究能力的加强，信息加快，研究组织的强化，科学技术的迅速发展，新产品出现的速度也将大大加快，产品的换代周期越来越短。因此，企业除了必须努力开发新产品并加快其商品化进程外，还必须努力防止企业的停滞不前和产品设计阶段的夭折。

当然，不同产品的生命周期是不同的。有的新产品被市场接受的时间较长；有的则进入市场不久便夭折，有的甚至在投入市场之前便终止了继续开发。

1. 产品开发期

这一阶段是产品设计孕育的阶段，大致分为构思阶段（收集整理提出产品概念阶段）、评价阶段（评价构思、研究和开发课题阶段）、工程技术研究阶段（进行技术可行性论证阶段）、开发阶段（试制样机进行生产可行性论证，为量产作准备）、商品化生产（进行市场测试，决定商品出售并作好销售准备阶段）等5个阶段。

开发期在营销理论上常常不列入产品生命周期，因为营销理论研究的是产品进入市场后的价值实现，而在产品设计与开发的系统中这是非常重要的一个阶段，开发期是为了通过市场调查得到消费者的需要，从而满足理解市场需求的活动。产品设计与开发主要进行实现产品价值的创新系统设计，是企业内部进行的开发研究产品阶段。

2. 产品导入期

也称为市场开拓期或市场开发期，是产品进入市场后的第一阶段，产品开始按批量生产并全面投入企业的目标市场。这个时期企业在新产品项目上是资金的投入时期。

新产品刚刚投放市场，销量低，销售增长缓慢。产品成本高、价格高、投资大，其品质、功效、造型、结构等都尚未被消费者所认识，购买者属高收入、高消费的阶层，或者

说明：这是一个新上市的糖盒，造型生动可爱。

商品的诞生
Birth Of Goods

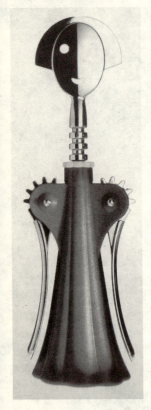

说明：Alessandro Mendini 设计的开瓶器。本设计一改传统开瓶器古板机械的造型，而将其设计成身穿宴会礼服，脸带快乐微笑的安娜 G

是对新产品、流行产品有满足欲的人。在产品导入阶段，广告投入的费用比较大，企业可以采取高促销高利润的策略。

3．产品成长前期

又称市场承认期。新产品从投入期转入成长期的标志是销售量迅速增长，由于产品得到认可需求量急增，开工率高，这时要很好研究扩大设备和培养优秀的人力资源等问题，以适应快速增长的市场需要。

产品经过试销，逐步被消费者所接受，在市场上获得了一定的占有率。由于该时期是建立商业信誉、树立企业和商品形象的最佳时期，也可以说是产品的黄金时期，此时，销售量也随之大幅度提高。伴随着一批同行者介入该产品的生产，市场上出现了竞争的趋势，这种竞争主要表现为质量和信誉的竞争以及创立名牌的竞争，为创名牌的最佳时机。

4．成长后期

也叫竞争或不安定时期。这时生产上了轨道，成本和价格大幅度下降，产品的利润也达到了最大；设备投资及初期的开发费等各种前期的投入费用在这个时期得到了补偿。

但随着竞争者的纷纷介入，竞争更加激烈，企业的促销费用又有了增加，利润开始下降。

5．成熟期

也称饱和期。成熟时期产品在市场上基本饱和，企业产品工艺稳定成熟，生产成本已降到最低。虽然该类产品的市场普及率继续有所提高，但产品销售量则趋于基本稳定。这个时期要及早考虑产品的升级换代，从功能、形态、技术等诸方面考虑新产品开发，从总体上延续本企业产品系列，使得产品周期连续不断。

6．衰退期

也称消失期。由于市场竞争、消费偏好、产品技术以及其他环境因素的变化，导致产品销量减少而进入衰退期。产品进入衰退期后，企

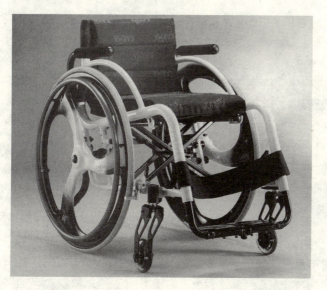

说明：这是新近在欧洲上市的新产品——休闲型轮椅。它是为了轻度残障人士走出户外，拥抱自然而设计的轮椅

说明：黑白电视机前几年在中国城市家庭中到处可见，而现在已经很难寻见到它的踪影了

业开工率降低，为了能够保持企业的生命力，必须要有更新的产品面世。企业对现有产品进行整顿、改进，新的产品也逐步进入市场，从而进入新的一个产品生命周期。

五、产品的商品化

按照传统的认识，如果将产品的开发、生产、流通、消费、报废的过程视为一个由多个子系统构成的循环系统的话，那么产品的开发、生产与流通、消费又是分属两个不同的系统，前者是创造价值的系统，后者是属于实现价值的系统，前一个系统向后一个系统转化的过程就是商品化的过程。换言之，产品只有进入流通状态，才能成为商品；产品只有成为商品，才能产生价值。这也是产品开发生产的最终追求的目的。

商品的一般属性：

(1) 商品具有使用价值。商品所具有的满足人的需要的属性就是使用价值，也就是通常所说的功能，满足了消费者的某种需求，这是产品成为商品的首要条件。

商品的诞生
Birth Of Goods

(2) 商品具有价值。商品是包括人的智慧劳动和体力劳动在内的各种投入的产物,凝聚在商品中的人的智力和体力劳动决定了商品的价值,价值是产品成为商品的必要条件。

(3) 商品具有交换属性。产品只有通过交换才能变为商品,而产品只有转化成商品后才能产生社会价值。

六、产品设计与开发中工业设计的原则

工业设计的结果是创造一种新的产品形式,实现一种美好的生活和工作方式。使设计的产品,在功能与形式上满足使用者生理上和心理上的需要。

1. 功能性的原则

它是衡量产品设计的一条最基本的原则,也是产品存在的依据。

功能的原则,就是指产品适宜于人的使用。它不仅体现技术与工艺的性能良好,而且体现出整个产品与使用者的生理与心理特征相适应的程度。设计师与工程师的区别在于设计师不但要设计一个"物",而且在设计的过程中要看到"人",考虑到人的使用过程和将来的发展。

说明:形式追随功能,无论设计师的思维再怎么天马行空,产品基本的功能始终是整个设计的核心

2. 创新性的原则

创新性是工业设计的一个重要前提,任何产品的发展,都是建立在创新的基础上的,包括对原有产品设计的完善,一种产品若没有新意,就不会受到市场的欢迎,更不会被消费者所承认。

3. 语义性的原则

语义性是指事物具有被他人认知的可能性,是运用材料、构造、造型、色彩等来表达产品存在的依据和语义。

4. 美学的原则

这是一项难以度量的标准,但却又是客观存在的标准。"美"是人们在生活中的感受,并且与人的主观条件,如文化、爱好、种族、性别、修养、年龄等因素有着密切的关联。不同的文化背景、不同年龄和民族之间有着不同的美学标准。因此,设计师必须去体验、把握这种美感,并诉诸设计之中。同时,"美"也表现一定的地域性和时空性,并呈现出一种动态的过程。随着社会的发展,美学上的感受越来越多地受到各种流行风格的影响。

5. 以人为本的原则

一件优秀的产品设计应当是一种含蓄的创造。它在人与物的关系中始终处于一种和谐有序的状态。产品不仅应当给消费者提供使用上的方便,同时也应当给使用者心理上的慰藉和精神上的享受。人是环境的产物,产品也是环境的组成部分,产品应在与环境和谐的基础上,突出人的需求、人的使用,而不是突出产品自身。任何产品在设计上的过分夸张、喧宾夺主,以及给消费者的使用带来不便都是违背这一原则的。

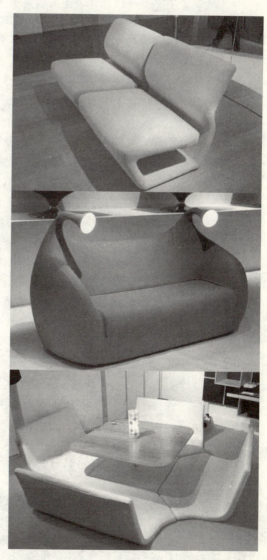

说明:没有任何的装饰,也没有复杂的工艺。色彩、形态、材质都是那么到位,无论放在哪个场合都会吸引人

6. 理性的原则

优秀的产品设计应当从整体构思到细节的处理都符合逻辑，即从使用功能到美学效果，都应当具有符合逻辑的一致性。优秀的设计，应当使产品在制造过程中充分发挥材料与工艺的特点，顺其自然，符合情理，体现出人的力量。

7. 简洁的原则

设计的简洁反映了一个设计师思维过程的明晰，而繁琐则是设计师思维混乱的结果。简洁的设计体现了人类设计思想的进步，同时也是时代风格的表现。

简洁的原则就是将产品的造型化简到极致，即所谓的"简洁主义"。法国著名设计师菲利普斯·斯塔克(Philips Starck, 1949~)是简约主义的代表人物。菲利普斯的设计领域涉及建筑设计、室内设计、电器产品设计、家具设计等等。他的家具设计异常简洁，基本上将造型减化到了最单纯但又十分典雅的形态，从视觉和材料的使用上都体现了"少就是多"的理念。

8. 生态平衡的原则

工业设计的宗旨在于创造一种优良的生活方式，而生态与环境是这种生活方式最基本的前提，它要求设计者在设计中考虑这样一些问题：

工业设计过程中要避免浪费有限的、不可再生的资源；

工业设计过程中要避免对环境和生态造成破坏；

工业设计过程中要发展出能重新利用报废产品的设计方案；

设计的产品有助于引导一种能与生态环境和谐共生的、正确的生活方式。

七、产品设计与开发中两种主要设计过程系统

1. 串行式新产品开发过程系统

（1）若设计过程中的各个环节构成关系是按一定顺序进行的，其所构成的系统即为串行系统。这种系统模式是以强调行动、行动

之间的关系以及行动之间的顺序为特征的，往往也用流程图进行表现。

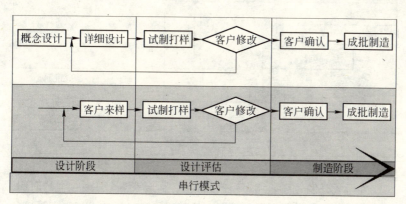

（2）串行模式开发过程可以确保每一开发步骤都得到执行，所冒的风险也比较小，因此比较适合于新公司等新产品开发能力较低的组织。对开发时间充足、市场稳定的新产品，或者组织部门化的企业组织，该方式仍可适用。但是，串行模式开发过程容易在职能小组之间转手时造成"脱节"，并且开发时间长，对市场的反应慢。该方式一般不适合于要求开发时间短和有快速反应能力的新产品开发。

2. 并行模式开发过程系统

（1）并行模式开发过程是新产品开发、制造及其他开发和支持活动的系统化，是使开发过程各阶段交叉进行的一种系统方法。该开发过程在新产品开发的最初时期，就全盘考虑从新产品的构思到市场投放的全过程的所有要素。

（2）并行模式是对产品及相关过程进行集成、并行设计的系统化的设计模式。这种设计模式使产品开发设计一开始就要考虑到产品整个生命周期中的各种因素，包括概念的形成、需求定位、可行性、进度等。并行模式也可以被理解为一种管理方法，包括人员组织、信息、交流、需求定位和新技术应用等要素的综合和同步，更具有可靠性。并行模式避免了时空顺序关系造成的制约，是设计过程中相关过程的协作。

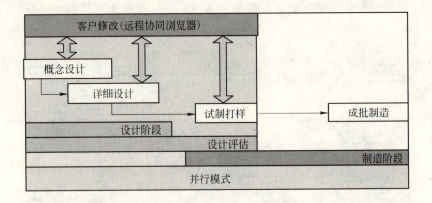

并行式开发过程能缩短新产品开发、制造等整个开发过程的时间，开发速度快，能够降低开发成本；能够实现市场、技术和生产等信息和技术的共享；开发小组能够进行跨职能的决策。在并行式开发过程中，也存在管理难度大、小组成员的责任不明确、各种信息的收集和传递方面需要大量的调整工作等缺陷。

(3) 现行企业应用并行模式产品开发组成模式是指整个产品开发设计过程中所要涉及的如市场需求定位、实施设计和生产制造和商业化过程等。这些过程的参加者由来自不同专业领域的成员组成，如：生产决策人、市场研究人员、设计师、工程师、营销人员等。这些相互过程作为设计系统中的构成系统要素，共同形成网络关系，相互协同，相互支持，相互制约。并行模式避免了时空顺序关系造成的制约，是设计过程中相关过程的协作。

(4) 并行式开发过程的评价，即"并行工程是集成的、并行的设计产品及其相关过程（包括制造过程和协同过程）的系统方法。这种方法要求产品开发人员在一开始就考虑产品的整个生命周期中从概念形成到产品报废的所有因素，包括质量、成本、进度计划和用户要求"。进入21世纪以来，并行工程内涵更为丰富、外延更为广泛，它要求在产品设计中既要考虑其上游的市场要求、客户要求，又要同时考虑其下游的工艺、制造、维修、对环境的影响、直至报废处理等方面的内容，也就是说要同时考虑产品全生命周期中各项因素。

第一章 产品设计与开发导论

杭州瑞德设计公司的设计过程系统图

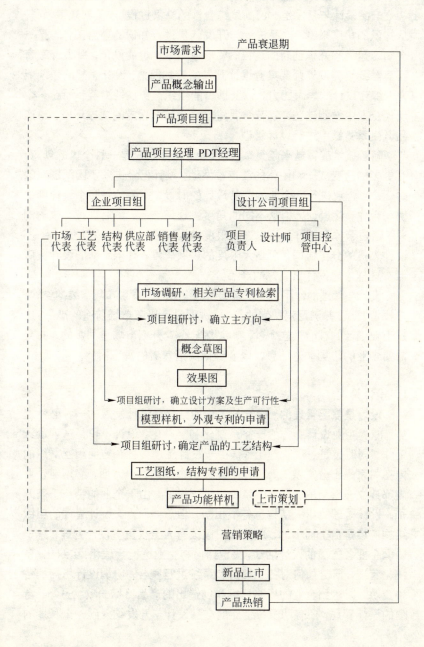

八、商品诞生系列链中的设计与管理

产品设计与开发是一门高度综合性的交叉过程,涉及到众多学科。从知识的角度来看,产品设计与开发就是进行知识的整合工作,是一个知识运用和知识创新的过程。要形成一个优良的设计,就设计教育而言需要培养设计师要具有设计开发的策划能力、设计思想的表现能力、综合设计的思考能力,以及项目的组织与协调能力等。而在一个现代企业中做到这些,就有必要建立一个与之相应的支撑环境,对商品诞生系列链中进行设计管理。

随着技术变得越来越复杂,现代设计已不再只是一种个人的创意,而更多的已变成一种团体的创造性活动。设计已经进入了团队创新的时代。当企业进行一个新的产品设计的时候,需要的是多个设计师的协同合作。让设计师们从不同的角度去理解产品,然后进行有效的沟通,通过合作和协作,可以最大限度地提高设计的效率和质量。不同设计人员的分工协同,可最大限度的扩展思维,寻求到新的设计突破点,这样才能设计出更好的产品。

设计与管理的作用之一就是要引导设计师来发现市场需要的空缺,寻找消费点、并满足消费者的需要,进而设计出有市场前途的产品,这是工业设计的核心。这个过程,必然与企业开拓市场是同步的,并且需要企业的市场调查信息,以准确把握消费者的真正需要。

1. 设计管理

设计是需要管理的。设计与管理的结合是设计发展的一种必然趋势。随着企业设计工作的日益系统化和复杂化,设计不仅是一项设计工作,同时也是一项管理工作。由于设计工作在各个方面相互交织的内在关系是十分复杂的,它几乎涉及到企业的各个方面,必须在企业内部建立一种新的、有力的系统来管理设计。由于企业的特点千差万别,设计管理的组织结构也各不相同。但总体而言,设计管理的组织结构应该是自上而下的,决策部门应该有人全权负责设计管理,统一协调企业各方面的设计活动,决定如何将企业进行合理化、组织化、系统化管理,研究如何对各个部门和系统进行整合,协调设计所需的各种资源,以达到企业的战略目标和创造出的产品目标一致。另外,合理的设计管理,还有助于将企业的产品设计与开发纳入到一个长期的发展规划之中，建立一个长期的发展目标和相对固定的企业产品形象。设计与管理的结合是设计发展的必然趋势。

2．人员管理

在产品设计与开发过程中，最重要的资源之一是人力资源，主要包括产品概念设计、工程设计、市场营销等人员。这些人力资源如何被合理的组织和协调，使得企业各部门的人力资源的效用最大化，是一个在商品诞生系列链中值得注意和研究的问题。

3．商品诞生系列链中对产品设计人员的要求是什么

新产品的设计与开发的过程是一个涉及众多相关领域的相关知识结构人员参与的一个系统化的过程。

从产品设计与开发所涉及到的一个是内在功能，一个是外在形式的问题。这常常被看作是两个不同设计的活动领域，分别由不同领域的设计师来承担设计工作。事实上，无论是内在结构还是外在形式，都是统一的整体，绝对不可以割裂对待。但是，现实中这两个领域分别是客观存在的，在设计中并不能实现由工业设计师去统一完成两方面的设计。因此，必须要形成设计共同体，形成以市场分析、功能设计、工艺设计等多方人员构成的设计共同体的并行设计模式。

这就给工业设计人员提出了另外一个课题，即怎样与相关领域的设计师——工程师、工艺设计师、市场研究人员等协调一致。工业设计人员在产品设计与开发过程中需要协调各种不同角色的关系，使企业内部达到和谐统一，技术人员按职能组织产生有效的技术行为；管理人员按项目组织协调各种不同角色的关系；销售人员提供市场需求信息及产品使用反馈。这一实现的结果，将使工业设计人员从多方面实现信息的汇总，概括多种角色在其中提供的构思，设计出既满足消费者，又满足企业双重心理需求的产品。

练习题目：

（1）跟你的同学、同事或下属进行交流，了解他们对新产品定义的理解和看法，看看跟本书介绍的有何差异？为什么会有这些差别？到底谁讲得更合理？

(2) 挑出一种去年大肆宣传并且成功推出的新产品，分析其成功的主要因素是什么？

思考题目：
(1) 在新产品开发过程中开发团队从开始到结束的人员配置问题？开发过程中团队中的每一个人所必需掌握的技能和专业知识是什么？
(2) 到相关的公司进行了解，大学学习的产品设计与产品开发组织之间有什么异同？

本章提示：
　　作为工业设计的在校学生和企业的产品开发者，以及开发的管理者，您了解下列问题吗？
　　一、什么是市场和细分市场
　　二、什么是发现市场机会的方法
　　三、什么是了解市场的重要途径
　　四、怎么学会判别市场机会的价值

学习的目的和要求：
　　产品设计不是一种盲目的活动，设计是一个解决问题的过程。因此，产品设计的起步只有通过调查研究，才能去发现和认识问题，设计师也只有在充分认识问题的基础上，才有可能去寻求和探索解决问题的方法。无疑，调查问题是设计师产生设计概念的先导。

商品的诞生
Birth Of Goods

第二章 调查市场和发现市场

一、什么是市场和细分市场

1. 什么是市场

市场是指某种产品的现实购买者和潜在购买者的总和。

描述一个市场应该至少包含三个要素：①有某种或某些需要的人（该产品所具有的特质能满足这些人的这种或这些需要）。②这些人具有要满足这种或这些需要的欲望和动机。③有购买这个产品的经济能力，即购买力。

特别要指出的是，拥有购买力的人并不一定是这个产品的最终消费者。不过，拥有购买力的人必须是愿意为最终消费支付货款的人，或者就是消费者本人。

工业设计的学生通过市场调查后，在构思过程中可能突发灵感，有了一个产品设计构想，为了不让自己的精力和设计付之东流，最好在这个时候就设问自己几个问题：

(1) 这个产品所实现的功能有人需要吗？
(2) 人们的这种需要迫切吗？
(3) 有这种需要的人口可能有多少？
(4) 需要这个产品的人能买得起这个产品吗？
(5) 如果需要的人买不起，会有什么人愿意为他们买吗？
(6) 最终消费者是怎样的一些人？
(7) 最终购买的人会是怎样的一些人？
(8) 既有需要又买得起，或有需要并有人愿意为其支付的人口总量大约有多少？

如果对第一个问题的回答是"否"的话，就不必继续问后面的问题。因为市场从根本上说，是根据"人的需要"形成的。如果人们有这种需要，并

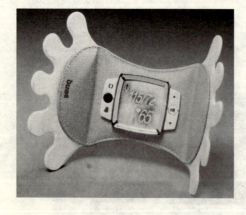

说明：有需要就会有市场，离家外出读书孤独谁能触动我孤单的灵魂，是产品"拥"满足了我的需求

且这种需要是迫切地希望被满足，那么我们就该关注这个可能的市场是否有相应的经济实力了。通常对于汽车市场，我们要考察消费者的经济实力，而儿童玩具，我们关心的则是他们父母的经济实力。如果第三、第四个问题同时是"否"的话，那么设计者最好把这个构想暂时搁置在笔记本里，不要急着开发。

如果经分析这个产品的功能应该是被需要的，但是人们并没有明确认识到这种需要，怎么办呢？这时，我们需要的是激发市场需要，让消费者的隐形需要显形化，这是市场营销的任务之一，可以在产品促销环节解决这个问题。

第八个问题是市场大小的问题。购买力很大，但人口太少；或者人口很多，但购买力不足，都不能构成大市场。这也是产品开发者必须要考虑的问题。

2. 什么是细分市场

细分市场就是企业根据市场需求的多样性和购买者行为的差异性，把全部顾客和潜在顾客划分为若干具有某种相似特征的顾客群，以便选择确定自己的目标市场。细分市场有利于企业发现新的市场机会，选择新的目标市场。

（1）市场细分的方法

常用的市场细分方法有传统的预先市场细分法和基于需求的市场细分法两种类型。传统的预先市场细分方法是根据人口统计、心理统计等描述性变量，预先把顾客区分为几个不同的群体，然后再寻找各个细分市场的需求差异，进行市场细分。而基于需求的市场细分方法从市场需求和产品利益等行为变量出发，找出具有相似的需求或利益的顾客群体，然后再根据各顾客群体在人口统计等描述性变量上的差异，进一步细分市场。

说明：这个设计是根据市场细分后，专为下肢残障者设计的交通工具，以类似操作独木舟之骑乘姿势，由手部控制所有功能。本车更换部分零件后亦可作为其他用途

（2）市场细分的因素

① 地理环境因素：消费者所处的地理环境和地理位置，包括地理区域（如国家、地区、南方、北方、城市、乡村）、地形、气候、人口密度、生产力布局、交通运输和通讯条件等。

② 人口和社会经济状况因素：包括消费者的年龄、性别、家庭规模、收入、职业、受教育程度、宗教信仰、民族、家庭生命周期、社会阶层等等。

③ 商品的用途：一是要分析商品用在消费者吃、喝、穿、用、住、行的哪一方面；二是要分析不同的商品是为了满足消费者的哪一类（生理、安全、社会、自尊、自我实现）需要，从而决定采用不同的产品设计与开发策略。

④ 购买行为：主要是从消费者购买行为方面的特性进行分析。如购买动机、购买频率、偏爱程度及敏感因素（质量、价格、服务、广告、促销方式、包装）等方面判定不同的消费者群体。

(3) 市场细分的步骤

第一、要进行市场细分可能性分析。确认消费者与产品之间的联系，确定在市场内有几种细分的类型，以及它们各自所表达的意义。

第二、要选取进行市场细分的变量。市场细分分析中可能会考虑的变量有很多种，最常用的有：

① 人口变量(性别、年龄、家庭人数等)；
② 社会经济因素(个人或家庭收入、职业、学历等)；
③ 心理行动因素(性格、生活方式等)；
④ 与消费相关之因素(使用频率、品牌忠诚度等)；
⑤ 针对商品的因素(认知、偏好、利益评价等)等。

第三、要实施市场细分。通过市场调查即各种统计方法，用选取的变量将市场进行细分。

第四、要决定市场细分策略。在几种市场细分的方案中，找出与本企业产品策略最为相符的一种。

(4) 市场细分的检验

① 可衡量性：指细分市场的规模及其购买力的可衡量程度；
② 可到达性：指能有效接触到服务细分市场的程度；
③ 足量性：指细分市场的容量够大或其获利性够高，达到值得公司去开发的

说明：这个残疾人驾驶汽车手动辅助装置，是根据市场细分后，完全模拟人体特点所设计，充分体现了对残疾人的关爱

程度；

④ 可操作性：指要用拟订有效产品设计与开发方案来吸引和服务细分市场的程度。

二、什么是发现市场机会的方法

1. 最大范围地搜集意见和建议

例如，美国的吉列公司就聘用专业人员专门研究妇女地位的变化在今后几十年内会给家庭带来些什么影响，给他们的任务就是提出各种问题，企业从他们提出的问题中寻找和发现市场机会。

更为广泛的来源还有，如中间商，专业咨询机构、教学和科研机构、政府部门、特别是广大消费者，他们的意见直接反映着市场需求的变化倾向。因此，设计者必须注意和各方面保持密切的联系，经常倾听他们的意见，并对这些意见进行归纳和分析，以期发现新的市场机会。

说明：美国吉列公司经过专门研究设计的男士剃须刀。独一无二的设计，带给人们前所未有的享受

2. 从政治和经济及法规研究中去寻找市场机会

国家和各级政府可以利用权利，通过制定新的政策和发展策略来影响各种环境力量而达到调节经济，从而影响人们的消费习惯的变化。

（1）政府对环境的日益重视会产生更加严格的环境保护政策，从而严格对汽车废气排放的标准。在这个发展策略的影响下，促使对环境保护较好的电动自行车的开发及尾气的治理产品有了市场；

（2）工业和生活垃圾的增加，引起了对垃圾处理新技术的需求；

（3）优生优育、独生子女的增多，引起了对儿童营养食品的需求等等。

以上这些都是环境机会。设计者一定要深入了解经济及研究法规，善于从环境的变化中发现新的机会。

商品的诞生
Birth Of Goods

3. 结合市场细分过程寻找市场机会

通过细分市场，寻找和识别隐藏在某种需求背后的没有被满足的需求。细分市场机会对设计者来说不容易发现，寻找和识别的难度大。但正由于难度大，不易识别，所以设计者如果找到并抓住了这种市场机会，社会和经济效益也会比较高。

4. 从对自然资源的需求中去寻找市场机会

在我们周围存在着各种各样的自然资源，它们是制造业和建筑业的原材料。当自然资源从一种类型转变成为另外一种类型时，能源转换的效率就会降低，从而造成对能源不可恢复的损失和能源的减少，影响资源的可供应性，结果使得制造业和建筑业的原材料成本增加，影响消费者的消费热情，也会影响新产品的成本和市场结构。

5. 从人口的社会趋势研究中去寻找市场机会

人口的规模、构成、分布及变化，即影响了劳动力，也影响了市场结构和新产品的需求状态。因此在做新产品的市场开发时，需要进

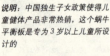

说明：中国独生子女政策使得儿童健体产品非常热销，这个蜗牛平衡板是专为3岁以上儿童所设计的

行劳动力分析调查、消费者分析调查和市场细分调查,以发现新产品的市场机会。为了使新产品在市场上取得成功,通过人口结构的动态等调查,从人口的社会趋势研究中去寻找市场机会。

6. 从文化价值概念变化中去寻找市场机会

文化传统、个性、地位、竞争性、生活方式等文化价值观能够塑造人的行为,同时也影响消费者对新产品的反应,对新产品的需求产生影响。文化背景的不同可以引起对新产品的不同反应与需求,生活方式的差异和变化会引起市场需求上的差异和变化。

随着时间的变化,人们的文化价值观也会发生变化。虽然基本价值观有一定的持久性,但科学技术的发展变化、社会趋势都会引起基本价值观的变化,从而对新产品的潜在购买者、竞争者、供应商等产生影响。

(1) 现在对个人健康的关注是一种正在兴起的价值观。这种价值观使各种与健康有关的产品需求增加。

(2) 越来越重视自然的文化观也会增加对环境无污染产品的消费。

7. 从技术变化中去寻找市场机会

技术对新产品的影响主要表现在产品的竞争优势和生命周期上。新技术在新产品中得到应用或现有产品的技术水平的提高,都可以提高新产品的竞争优势,同时也使产品生命周期缩短。因此,新技术的出现及技术水平的提高给新产品开发带来了压力和不确定性。技术及其变化对新产品本身、顾客、产品竞争及商业化速度等都产生影响。技术对新产品的购买者也产生影响。迅速的技术变化和较短的产品生命周期造成了购买者的决策混乱和不确定性,从而减慢了对新产品的接受速度。购买者往往推迟购买,如对计算机软件采取旁观的态度,等待新版软件的上市。一些软件公司为了应付迅速的技术改进所引起的不确定性,实行有节奏的新产品开发和市场投放。

技术对产品的竞争也带来了影响。新技术或技术进步不断产生新的或潜在的竞争者,从而对现有产品和新产品的规划带来了不确定性。

技术对新产品商业化速度的影响各不一样,具有不确定性。

商品的诞生
Birth Of Goods

说明：电子技术应用于手表时，其商业化速度很快。此款表为个人数传助手，可成为身体配备的一部分，充分融入使用者的生活中

说明：导航系统应用于汽车的商品化速度则较慢，这主要是汽车导航系统价格昂贵造成的

三、什么是了解市场的重要途径

市场调查是了解市场的重要途径

市场调查不仅可以帮助产品设计师了解市场的需要，而且能帮助产品设计师了解市场可能的容量和潜力。

（1）市场调查方法

市场永远是设计师产生最好创意的基础。产品设计师通晓和掌握市场调查的几个主要方法是非常有意义和必要的。

① 询问调查法：即通过上门询问或采取问卷调查的方式来搜集意见和建议，如面谈、电话、信函等，搜集所需要的信息资料。将询问调查法得到的情况和数据进行归纳，作为市场分析的依据，从中寻找和发现有价值的市场机会。

② 德尔菲法：即通过轮番征求专家意见，从中寻找和发现有价值的市场机会。

③ 召开座谈会：如召开消费者座谈会、企业内部人员座谈会、销售人员座谈会、专家座谈会等，搜集意见和建议，从中寻找和发现有价值的市场机会。

④ 课题招标法：即将某些方面的环境变化趋势对企业市场产品的影响，以课题的形式进行招标或承包，由中标的科研机构或承包的专门小组在一定期限内拿出他们的分析报告，从中寻找和发现有价值的市场机会。

⑤ 头脑风暴法：即将有关人员召集在一起，不给任何限制，对任

何人提出的意见，哪怕是异想天开，也不能批评。通过这种方法，来搜集那些从常规渠道或常规方法中得不到的意见，从中寻找和发现有价值的市场机会。

⑥ 现场观察法：是调查人员直接到现场进行观察和记录的一种收集信息的方法。在现场观察寻找和发现有价值的市场机会。这种方法取得的情况直接、能反映实际，但花费大，需要对调查人员进行培训。

说明：有关人员召集在一起，不给任何限制，头脑风暴产品设计的市场方略

⑦ 实验调查法：是将在产品设计与开发过程中产生的模型或者样品通过小规模的模拟销售活动，测验某种产品的市场效果，以确定是否有生产或者扩大规模的必要性。

⑧ 资料分析法：是依靠历史和现实的动态统计资料进行统计分析的方法。如市场供求趋势分析、市场相关因素分析、市场占有率分析等，寻找和发现有价值的市场机会。

⑨ 抽样调查法：介于普遍调查法（普遍调查是全部对象）和典型调查法（典型调查是典型对象）之间，是市场调查中经常采用的方法。它是从全部对象中抽取一部分具有代表性的样本进行调查研究，从而推断市场整体要求，寻找和发现有价值的市场机会。

(2) **市场调查的内容**
① 市场需求调查

产品市场需求调查主要包括市场商品需求量、需求结构和需求时间的调查。即了解消费者在何时何地需要什么？需要多少？

a. 产品市场需求量：主要是了解社会购买力水平。对设计者来说，调查市场需求量，不仅要了解企业所在地区的需求总量、已满足的需求量和潜在的需求量，而且还必须了解本企业的市场销售量在市场商品需求量中所占的比重，即本企业销售的市场占有率，以及开拓地区市场的可能性。

b. 产品需求结构调查：主要是了解购买力的投向。通常是按消费者收入水平、职业类型、居住地区等标准分类，然后测算每类消费者的购买力投向，即对吃、穿、用、住、行商品的需求结构。需求结构调查不仅要了解需求商品的总量结构，而且还必须了解每类商品的品种、花色、规格、质量、价格、数量等具体结构；同时，需要了解市场和商品细分的动向、引起需求变化的因素及其影响的程度和方向、城乡需求变化的特点、开拓新消费领域的可能性等等。

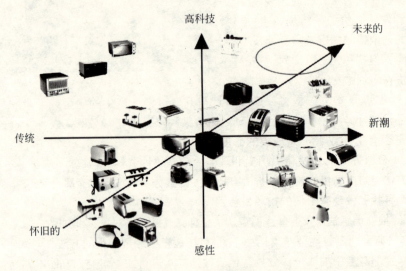

说明：根据消费者的细分动向而划分的多士炉市场定位图

c. 需求时间调查：主要是了解消费者需求的季节、月份、具体购买时间，以及需求内的品种和数量结构等。

市场商品需求总量及结构的调查是综合性调查，通常是由国家相应的经济管理部门组织进行，企业是利用间接资料。而各类具体商品数量、质量、品种、规格、需求时间等方面的需求情况及其满足程度的调查，是企业市场商品需求的重要内容。为了准确把握消费者的需求情况，通常需要对人口构成、家庭、职业与教育、收入、购买心理、购买行为等方面进行调查分析，然后再得出结论。

② 市场环境调查

企业的经营活动是在复杂的社会环境中进行的，企业的经营活动要受企业本身条件和外部环境的制约。环境的变化，既可以给企业带来市场机会，也可以形成某种威胁，所以对企业市场环境的调查研究，是企业有效开展产品设计与开发活动的基本前提。

a. 政治法律环境

政治法律环境指企业外部的政治法律形势和状况。企业总是在一定的政治法律环境中运行的，政策的制定和调整会对市场、对企业产生影响。企业政治法律环境的调查，就是要分析相关的各项法规、法令、条例等，尤其是其中的经济立法，如经济合同法、进出口关税条例、专利法、商标法、环境保护法等，在从事国际贸易交往过程中，一方面要了解相应的国家法令、法规，还要熟悉相应的国际贸易惯例和要求。它们会从不同角度对企业经营活动产生影响，要求企业经营管理者不但要熟悉，而且要善于加以运用。

b. 经济与技术环境

经济环境：经济环境是指企业所面临的社会经济条件及其运行状况和发展趋势。经济环境的调查，主要是对社会购买力水平、消费者收入状况、消费者支出模式、消费者储蓄和信贷，以及通货膨胀、税收、关税等情况变化的调查。

技术环境：新技术革命的兴起影响着社会经济的各个方面。技术的迅速发展，使商品从适销到成熟的时间距离不断缩短，生产的增长也越来越多地依赖技术的进步。以电子技术、光技术、新材料技术、生物技术为主要特征的新技术革命，不断改造着传统产业，使产品的数量、质量、品种和规格有了新的飞跃，同时也带来了与电子、信息、新材料、生物有关的新兴产业的建立和发展。新兴产业的兴起与发展，可能

说明：经济环境的变化导致年轻人生活方式的变化，便携式瓦斯烤肉器应运而生。它不需工具组装，节省空间，携带方便，受到了亲近大自然的人们的喜爱

给某些企业带来新的营销机会，也可能给某些企业造成环境威胁，要求企业必须密切注意科技革命的新动向，不断利用新技术来进行新的产品设计与开发，利用新技术改善营销管理，提高企业服务质量和工作效率，重视新技术给人民生活方式带来的变化，以及对企业营销活动的影响，更多地依赖科学技术的进步，推动社会生产和社会需求的不断发展。

c．社会文化环境：文化是一个复杂的融合，其中包括知识、信仰、艺术、道德、风俗习惯，以及人作为社会成员所获得的任何观念与习惯。文化最主要的特点在于它是人类后天习得，并为人所共同享有。文化使一个社会的规范、观念更为系统化，文化诠释着一个社会的全部价值观和规范体系。在不同的国家、民族或地区之间，文化之间的区别要比肤色或任何其他生理特征更为深刻，它决定了人们独特的生活方式和行为规范。总之，文化环境不仅建立了人们日常行为的准则，也形成了不同国家或不同地区的消费者的态度和购买动机的取向模式。

③ 竞争对手的调查

为了确定新产品的战略目标、市场定位和产品定位，需要不断收集竞争者的资讯，预测竞争者未来的战略和市场反应。寻找竞争较少的市场领域也是新产品开发的一个重要方面，市场激烈的竞争会减少利润、降低吸引力。因此，新产品开发需要密切关注竞争对手的产品以及新产品开发的资讯，注意技术的发展变化，预期包括同类企业和其他行业在内的类似产品出现的可能性，类似产品出现和已有的越多，企业开发新产品的压力就越大，对消费者的吸引力就越小。

(3) 关于产品市场调查的问题

① 消费者调查

谁是产品的最终使用者？他们的年龄、收入、习惯、爱好倾向是什么？消费者是否喜欢这一产品？是什么因素促使他们喜欢或不喜欢。

② 产品的调查

说明：根据调查发现爱鸟人士越来越多，据此设计的这款喂鸟器，造型非常简单，将一个强化玻璃罩装满壳类后，倒过来放在一个强力塑胶盘并用不锈钢的棒子固定在地上，一体成型，毫不做作

a. 技术方面包括产品的可行性、耐用性、灵活性、操作性、人机关系、维护性能等；

b. 美学方面包括产品外形、风格特点、颜色、质地、表面处理、舒适程度等；

c. 经济方面包括销售价格、操作成本、维护成本等。

③ 社会方面的问题调查

a. 在近5年或近10年中，消费者的爱好、习惯改变了多少，这些变化是否还要持续下去；

b. 近年来人们的生活观念改变了多少，导致这种观念改变的主要因素是什么；

c. 当今社会经济、政治上的一些因素是否会影响企业的产品发展。

④ 市场竞争方面的调查

a. 市场中同类产品的情况如何，有哪些产品在市场中遭到了失败，它们失败的原因是什么；

b. 在同行业中是否有新的竞争者出现，他们的优势是什么。

⑤ 产品专利的调查

对产品专利的调查是非常有用的，因为你可以看到哪些专利已经受到了保护，并注意避免使用它们，或者在需要使用它时，一定要得到许可。可以使用没有注明全球范围的外国专利和过期专利中包含的概念，这不需要任何特权。

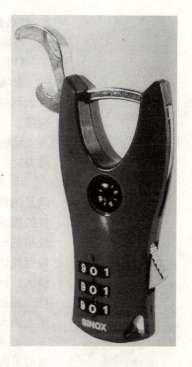

说明：近年来亲近大自然变得非常时尚，这款多功能户外运动挂锁，受到了年轻户外运动者的青睐

四、怎么学会判别市场机会的价值

1. 什么是市场机会的价值

不同的市场机会可以为企业带来的利益大小也不一样，即不同市场机会的价值具有差异性。为了在千变万化的市场环境中找出价值最大的市场机会，企业需要对市场机会的价值进行更为详细具体的分析。

2. 什么是市场机会的价值因素

市场机会的价值大小由市场机会的吸引力和可行性两方面因素决定。

(1) 市场机会的吸引力

市场机会对企业的吸引力是指企业利用该市场机会可能创造的最大利益。它表明了企业在理想条件下充分利用该市场机会的最大极限。

反映市场机会吸引力的指标主要有市场需求规模、利润率、发展潜力。

① 市场需求规模：市场需求规模表明市场机会当前所提供的待满足的市场需求总量的大小。由于市场机会的公开性，市场机会提供的需求总量往往由多个企业共享，特定企业只能拥有该市场需求规模的一部分。因此，这一指标可以由企业在该市场需求规模中当前可能达到的最大市场份额代替。尽管如此，若提供的市场需求规模大，则该市场机会使每个企业获得更大需求份额的可能性也大一些。因此，一般说来，该市场机会对这些企业的吸引力也在不同程度上更大一些。

② 利润率：利润率是指市场机会提供的市场需求中，单位需求量当前可以为企业带来的最大利益（这里主要是指经济利益）。不同经营现状的企业其利润率是不一样的。利润率反映了市场机会所提供的市场需求在利益方面的特性。它和市场需求规模一起决定了企业当前利用该市场机会可创造的最高利益。

③ 发展潜力：是反映市场机会为企业提供的市场需求规模、利润率的发展趋势及其速度情况。发展潜力同样也是确定市场机会吸引力大小的重要依据。即使企业当前面临的某一市场机会所提供的市场需求规模很小或利润率很低，但由于整个市场规模或该企业的市场份额有迅速增大的趋势，则该市场机会对企业来说仍可能具有相当大的吸引力。

(2) 市场机会的可行性

市场机会的可行性是指企业把握住市场机会并将其化为具体利益的可能性。从特定企业角度来讲，只有吸引力的市场机会并不一定能成为本企业实际上的发展良机，具有大吸引力的市场机会必须同时具有可行性，才会是企业高价值的市场机会。

例如，某公司在准备进入数据终端处理市场时，意识到尽管该市场潜力很大，但公司缺乏必要的技术能力，所以开始并未进入该市场。后来，公司通过收购另一家公司且具备了应有的技术（此时可行性已增强，市场机会价值已增大），这时公司才正式进入该市场。市场机会的可行性是由企业内部环境条件和外部环境状况两方面决定的。

① 内部环境条件

企业内部环境条件如何是能否把握住市场机会的主观决定因素。它对市场机会可行性的决定作用有三点：

a. 市场机会只有适合企业的经营目标、经营规模与资源状况，才会具有较大的可行性。一个吸引力很大的市场机会很可能会导致激烈的竞争。所以，它对实力较差者来说，可行性可能并不大。

b. 市场机会必须有利于企业内部差别优势的发挥才会具有较大的可行性。通常是比较强的产品设计与开发能力、先进的工艺技术、强大的生产力、良好的品牌、企业信誉度等。企业应对自身的优势和弱点进行正确分析，了解自身的内部差别优势所在，并据此更好地弄清市场机会的可行性大小。此外，企业还可以有针对性地改进自身的内部条件，创造出新的差别优势。

c. 企业内部的协调程度也影响着市场机会可行性的大小。市场机会的把握程度是由企业的整体能力决定的。针对某一市场机会，只有企业的组织结构及所有各部门的经营能力与之相匹配时，该市场机会对企业才会有较大的可行性。

② 外部环境条件

企业的外部环境从客观上决定着市场机会对企业可行性的大小。外部环境中每一个宏观、微观环境要素的变化，都可能使市场机会的可行性发生很大的变化。

例如，某企业已进入一吸引力很大的市场，由于该市场的产品符合企业的经营方向，并且该企业在该产品生产方面有工艺技术和经营规模上的优势，企业获得了相当可观的利润。然而，随着原来竞争对手和潜在的竞争者逐渐进入该产品市场，并采取相应的工艺革新，使该企业的差别优势在减弱，市场占有率下降。低价的替代品已经开始出现，顾客因此对原产品的定价已表示不满。另外，政府即将通过的一项政策可能会使该产品的原材料价格上涨，这也将意味着利润率的下降。针对上述

商品的诞生
Birth Of Goods

情况，该企业决定逐步将一部分的生产能力和资金转投其他产品，部分撤出该产品市场。

这表明，尽管企业的内部条件即决定市场机会可行性的主观因素没变，但由于决定可行性的一些外部因素发生了重要变化，也使该市场机会对企业的可行性大为降低。同时，利润率的下降又导致了市场吸引力的下降。吸引力与可行性的减弱最终使原市场机会的价值大为减小，以至于企业部分放弃了当前市场。

说明： 根据外部市场调查，人们对健康产品有很高的需求，因此设计了这款有斜度的煎烤器，在煎烤时可将多余的油脂流出，煎烤速度快且保留了食物的美味。

练习题目：

（1）请学生找出当前环境变化和生活方式变化的10个现实例子。

（2）请学生找出自己刚刚购买的个人用品，将以下问题列表格回答：

——你在何时及为何使用这种产品？

——你喜欢现有产品的什么地方？

——你不喜欢现有产品的什么地方？

——购买产品时，你考虑哪些问题？

——你将对产品的哪些改进？

思考题目：

（1）所列的市场细分的标准有哪些？采用每一种标准的优点和缺点是什么？

（2）为什么经理人员通过研究顾客而不是工程设计来开始新产品开发项目？

（3）为什么市场定位很重要？

本章提示：
　　作为工业设计的在校学生和企业的产品开发者，以及开发的管理者，您了解下列问题吗？
　　一、产品创新的核心及产品概念生成
　　二、适合全新产品设计与开发的概念生成活动
　　三、适合全新产品设计与开发的有关概念生成的提示内容
　　四、一种适合全新产品开发概念生成的分类树工作方法
　　五、适合改良产品概念生成的几种具体方法
　　六、在概念生成活动中如何处理复杂的问题
　　七、在概念生成活动中如何进行内部研究
　　八、在概念生成活动中如何进行外部研究
　　九、如何利用已经出版的文献和专利进行产品的概念设计研究
　　十、概念甄别系统
　　十一、概念设计阶段的挑战
　　十二、产品概念生成活动中容易发生的问题和错误
　　十三、在概念设计阶段对工业设计师的能力要求

学习的目的和要求：
　　通过本章的学习了解概念设计生成活动是根据用户的产品需求，按照一定的、有规律的设计步骤和流程，再结合贯穿始终的想像力与灵感，从而设计出来符合用户需要的概念产品方案的过程。
　　产品概念生成活动中容易出现的错误和在概念设计阶段对工业设计师的能力要求。

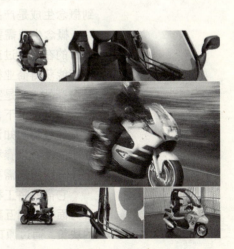

第三章 产品设计与开发概念的生成

一、产品创新的核心及产品概念生成

1. 概念设计定义

概念设计是由分析用户需求到生成概念产品的一系列有序的、可组织的、有目标的设计活动。概念设计通过抽象化,拟定未来产品的功能结构,寻求到新产品适当的作用原理及其组合等,通过概念设计确定出产品的基本求解途径,得出基本求解方案。

2. 概念设计的过程

产品创新的核心在于构思创新产品概念。概念设计的过程表现为一个由粗到精、由模糊到清楚、由抽象到具体、不断进化的过程。产品的概念生成是产品创新中具有决定性作用的阶段。从分析市场开始到概念生成是产品概念设计阶段的主要任务与内容。

概念生成需要经历两个阶段,即需求设计和概念设计。需求设计的目的在于通过商机分析而定义出对产品概念设计的需求,即能体现出有能获得商业机会的价值的特征要求。而通过概念设计所能获得的概念产品,应是实现上述需求设计要求的商机价值特征的技术设计。

一般情况下,工业设计人员在进行创造性思维的过程中,总是在已有的经验和知识的基础上,根据用户的产品需求,按照一定的、有规律的设计步骤和流程,再结合贯穿始终的想像力与灵感,从而设计出来符合用户需要的概念产品方案。

它需要将工程科学、专业知识、产品加工方法和商业运作知识等各方面知识相互融合在一起,以做出一个产品全生命周期内最为重要的决策。通过原理部件的空间或结构上的关系,使它们有机地结合起来。从概念设计这个框架中得到产品大致的成本、重量或总体尺寸,以及在目前的环境下的可行性等。

在产品的概念设计过程中,选择方案的自由度是整个产品开发过程中最大的。这个阶段的工作自由度大，对设计人员的约束也相对比较少，不确定因素多，创新的空间大，设计的积累也相应较少，是发挥创造力可能取得最大效果的阶段，同时也是带来设计决策风险最大的时候。随着设计过程的逐渐推进，所设计产品的概念被基本确定下来，问题变得越来越明确，设计的自由度则越来越小，到了详细设计阶段，设计自由度将达到最低，这时设计中各种参数完全被定下来，也标志着产品设计过程的结束。因此，从这一设计的基本过程来看，在产品设计早期作出正确的决策对产品的最终结果至关重要。产品概念设计将决定性地影响产品创新过程中后续的产品详细设计、产品生产开发、产品市场开发，以及企业经营战略目标的实现。一旦概念设计被确定，产品设计的60%~70%也就确定了。概念设计如果出现问题，在详细设计阶段已经很难或不能纠正概念设计产品的缺陷。

在概念设计时期，设计师的工作只需要对产品的一些特征或部件有一个相对明确的描述。

概念生成过程是以一组顾客需要和目标规格开始的，并且以一组有形物的产品概念生成结束。

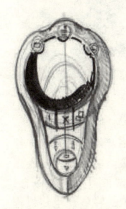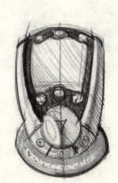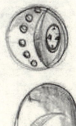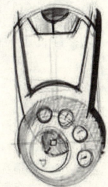

说明：概念生成活动是以消费者的目标需要开始，以一组有形物的产生而结束。

二、适合全新产品设计与开发的概念生成活动

产品概念生成活动是产品技术、工作原理和形式的近似描述，它简洁地描述了产品是如何满足顾客需要的。产品概念生成活动表现形

商品的诞生
Birth Of Goods

式通常是用简洁的书面文字和草图来描述。一个好的概念有时在后面的开发阶段表现欠佳，但是一个不好的概念几乎不能取得商业成功。幸运的是，概念生成过程成本相当低，而且和其他开发过程相比，此过程非常快。通常概念生成的花费不到预算的5%，所用时间为开发时间的15%。

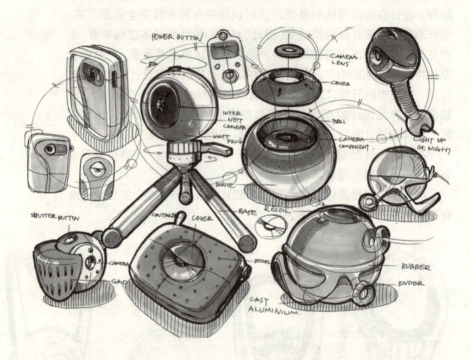

概念生成过程是以一组顾客需要和目标规格开始的，并以一组产品概念结束，工业设计师从这组概念下作出最终的选择。在大多数情况下，一个效率高的设计开发小组将会生成成百上千个概念，进行概念选择时，有5~10个概念值得慎重考虑。在概念生成过程中的标准就是研究这样一些市场上的现有产品，即它们的功能与正在开发的产品或开发小组重视的问题的功能是不是相似，对已经熟悉的竞争性产品和最相关的产品在其他市场中寻找相关功能的产品标准，能够揭示已用于解决某一特殊问题的现有概念，揭示竞争加剧与削弱方面的信息。

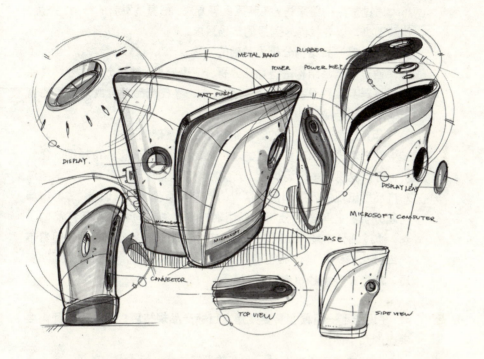

1. 新产品概念生成的来源

新产品设想主要来自市场利益相关者，如潜在购买者、零售商、竞争者、供应商、制造商的员工等。

2. 新产品概念生成形成方法

新产品设想可以通过产品属性分析、顾客需求分析等方法来完成。

（1）以环境为基础的分析方法

主要有历史分析、专利调查、竞争产品分析、畅销产品分析、假设方案分析等方法。

（2）以个人反应为基础的分析方法

通过消费者个人的深入来访、投诉分析、建议分析等方法，获得个人反应的信息，来产生新产品设想。

（3）以群体反应为基础的分析方法

通过重点小组采访、头脑风暴等方法，把握消费者的行为、态度、购买动机，以寻找尚未满足的市场需求。

(4) 以产品结构分析为基础的方法

通过对产品结构进行功能分析、使用分析、缺点分析、独特性能分析等产品属性分析法和产品类比法，寻找产品差异或未满足的需求，形成新产品的构思。

(5) 以潜在购买者的需求结构分析为基础的方法

在市场调查和市场研究的基础上，通过需求分析和市场细分化分析，可以发现许多市场机会，产生新产品设想。需求分析主要是通过对产品所出现的问题和使用情况的调查和顾客认知的调查，进行市场问题分析和各种差异分析，以明确产品改进方向和获得新产品的设想。通过细分市场，发现未满足的市场需求来开发新产品。但随着市场细分化的进行，产品差别及竞争优势越来越小，产品寿命周期变短，新产品开发的机会也就越少。

3．在识别了一组顾客需要并建立目标产品规格后，工业设计师需要考虑的几个问题

(1) 哪些是本类产品已存在的解决概念，如果存在的话，是不是能够非常适合自己现在正在设计开发产品的要求？

(2) 哪些本类产品的新概念能够满足现在正在设计开发产品的要求和规格呢？

(3) 哪些方法可以用来辅助完成概念生成过程呢？

三、适合全新产品设计与开发的有关概念生成的提示内容

有经验的工业设计师和设计团队通常能坐下来为某个问题生成好的概念。这些人通常开发一组技术，他们用这些技术刺激自己的思想，而且，这些技术已成为他们解决问题过程的一部分。在概念设计阶段，产品开发的专业人员可以将下面一组提示用做辅助工具，这些提示刺激新概念的产生或鼓励在思想间建立联系。

第三章 产品设计与开发概念的生成

进行分析	有经验的设计者经常会问自己,什么样的方法能解决相关问题?对于这个问题是否存在一种自然分析或生物学分析?他们考虑的问题范围是否比他们正在考虑的范围更大或更小?在一个不相关的领域中,什么样的方法能解决类似的问题?
愿望和憧憬	以"我希望我们能……"或"我想知道如果……,将会发生什么"的想法或注释有助于刺激设计师自己或设计团队考虑新的可能性。
使用相关的刺激物	当提供一种新的刺激物时,大多数个人能产生一种新的思想。每一个人单独工作生成思想清单,然后将这个清单传递给他们团队的其他人员。根据其他人反馈的思想,大多数人能够产生新的想法。
使用不相关的刺激物	随机刺激物或不相关刺激物能够有效地激发新思想。有关这方面的一个例子是,随机选择对象图形集中的一个图形,然后考虑随机生成与现有问题相关的对象。在这个想法的变体中,单个人能够到大街上拿着瞬时照相机,扑捉各种随机图像以供以后刺激新思想之用。(一个疲倦的小组也可以用这种方法改变自己的节奏)
设置定量目标	生成新概念是一个令人精疲力竭的过程。在产品概念设计接近尾声的时候,设计师或设计团队可能会发现设置定量目标用作驱动力是非常有用的。设计团队需要经常向个人指派概念生成的任务,可以定量为10到20个概念生成。
使用集思广益方法	集思广益方法就是设计师同时提供设计许多概念以供讨论。通常将一个概念的框架制成一张表,然后将它系在或钉在墙上,团队成员轮流查看每一个概念,由概念的设计者作出解释,团队成员随后提出改进建议或同时生成相关概念。这是一种将个人力量和小组力量结合在一起的好方法。

说明:适合全新产品设计与开发的有关概念生成的提示内容

商品的诞生
Birth Of Goods

说明：看到这个图形，能够产生什么样的头脑刺激呢？

四、一种适合全新产品开发概念生成的分类树工作方法

在产品设计与开发过程中，每一个问题生成了几十个概念碎片。但是，有几种算法揭示了这种方法的不可能性。假定开发小组将精力集中在3个问题上，并且每个问题平均对应产生15个概念碎片，那么，他们必须考虑3375种碎片组合（15×15×15）。即使最有热情的工业设计师和设计团队，也会认为这是一项难以应付的工作。而且，开发小组很快将会发现，许多概念组合实际上没有任何意义。

概念分类树用于将整个可能的解决空间分成几个明确的类别，这样易于比较概念和去掉一些不合适的概念。

1. 去掉前景较小的树枝

通过设立分类树，设计师或设计开发团队能够确认各种设计概念的取舍，弃去看起来没有什么优势的解决方法，设计师或设计开发团队就可以将精力放在更有前景的树枝上。去掉一个树枝需要一定估计和判断能力，因此应该小心谨慎。但是，产品开发的实际情况是资源有限，而且尽可能将可用资源集中在最有前景的方向上，这是一个重要的也是最容易获得成功的一种工作方法。

2. 确认相应问题的独立解决途径

可以把分类树的每一个枝条看做解决整个问题的一种不同方法。有一部分树枝几乎完全相互独立。在这种情况下，设计师或设计开发团队能够清楚地将精力分布在两个或多个树枝或任务上。当两个树枝看起来都有前景时，这种精力分配会减少概念生成过程的复杂性。在考虑多个树枝时，这种方法会产生有益的竞争。

3. 找到被不恰当强调的某些树枝

一旦创建了分类树，设计师或设计开发团队就能快速反馈出对每个树枝分配的精力是否合适。

4. 为某个特定树枝修正问题分解过程

有时候，问题分解过程对一个问题的某种特殊方案非常有用。

概念分类树可以帮助设计师或设计开发团队将可能的解决方法分成独立的内容。有选择地考虑概念碎片组合，可以有事半功倍的效果。在其他很多情况下都可以用分类树的方法来解决问题、梳理问题。

例如：一种候车亭功能分析的分类树

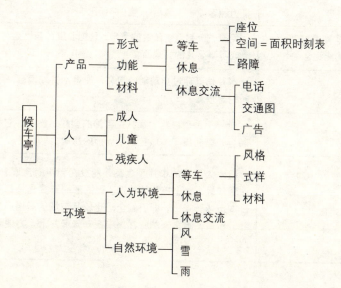

五、适合改良产品概念生成的几种具体方法

在现有产品基础上	举 例
加上一点什么	
1. 增加芳香	日本东京家具中心的家具散发森林芳香，引起都市人对森林的怀念
2. 增加声音	日本有的相机，当光线、焦距不对时，它会说"错了，快纠正过来"
3. 增加功能	音乐枕头加入催眠的音乐，催人尽快入睡，有的加上了定时器和铃声，按时催人醒来又不影响其他人，产品附加值大大增加
改进颜色	2004年，MOTOROLA推出4款红、黄、蓝、黑色外观的"对讲机"，在一片黑色外壳中显得分外靓艳，风靡一时
减去一点什么	瑞典IKEA家具公司，出售家具组件并提供图纸、带尺、铅笔、起子等，由顾客自己配套，样品和图片选自全球1500种款式，它的售价比整件价低，它的成功只是为顾客减去了最后一道工序而已
将某些商品或商品的某些功能组合	美国一个制造小汤匙的青年，只把温度计与之组合，便成了喂婴儿的好东西
改进包装	水井坊酒通过启动新的包装，使得水井坊酒迎来了新的辉煌
改进造型	世界上造型最帅的喇叭是英国的鹦鹉螺喇叭，它的特异造型超出了一般音响设计师的想像力
改进结构	日本人发明的卡片型食品，能放在包中随意取食，深受年轻人、上班族的欢迎。而同形的卡式化妆品在日本市场一推出，即引起全球化妆品市场的震撼，口红、粉饼、眼影、胭脂都集中在一张卡片上，方便无比

续表

在现有产品基础上	举 例
改变原来所使用的材料	可以折叠扭曲的软键盘,应用了塑胶材料,在材料上有很大创新
用途的改变	电话手表,一部手机却可以像表带一样扭曲,如同腕表
改变生产工艺	
将现在市场上已经有的大东西小型化	日本推出家庭桑拿浴,聚乙烯睡袋,钻进后收紧,不一会儿就大汗淋漓,备受欢迎,这也是缩小法的典型运用
将现在市场上已经有的小东西大型化	汽车影院的幕墙有几层楼高,有典型的小东西大型化的特征
商品功能延伸	
向时间延伸	某制造微波炉的厂商,投资先进技术改良微波炉,其目标竟是希望做出可以冒烟的微波炉,让使用者能享昔日用炉灶烹饪的古趣,真是不可思议
向反方向延伸	日本有个水果商人,看见商店的假果树上挂满了假水果,心想,何不与它们相结合呢?定制了较结实的假果树,上面挂满了带枝的真水果,顾客觉得有趣,纷纷前来此买水果
向精度延伸	法国豪华精品业1994年营业额212亿美元,与航空业差不多,其利润超过汽车业。经常有观光客抢购250美元一条的丝巾、价格贵如一辆小轿车的皮包,令法国人最骄傲的正是这些似乎不起眼的精品项链、小礼服、高脚杯、狗项圈等
向其他方向延伸	传统产品的再生: 南方的毛竹,常见的建筑材料,不过做竹椅、竹筷、竹筏,经创新者多层次深加工后,将存留的竹椅结合现代的设计理念,研制出的产品附加值成倍的提高

六、在概念生成活动中如何处理复杂的问题

在设计过程中，设计师或设计团队可以直接把复杂的问题分解成为简单的子问题。大多数设计任务都非常复杂，以至于不能将它们作为一个简单的问题处理，但是，如果将复杂的问题分解成几个简单的子问题，这样处理问题就变的容易得多。

但是在有些情况下，设计问题不容易被分解成子问题。

问题分解有许多种方法，在这里，我们先列举一种功能分解的方法进行介绍。

按功能分解问题的第一步是将这个问题表示成一个黑盒子，然后按材料、能量和信号流对它进行功能分解。功能分解的下一步是将单个黑箱子分成几个子功能，以便更具体地描述产品中各元素的作用，这样就能实现产品的整体功能。每一个子功能通常可以进一步分解成更简单的子功能，这个分解过程要不断重复下去，直到小组成员都认为每个子功能已足够简单，可以对它们处理了为止。

说明：设计复印机这样的复杂产品，可以将其看成是许多设计部分的集合，包括文件处理器、进纸器、复印装置、图像捕捉装置

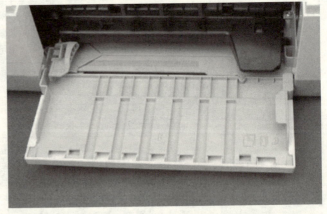

说明：设计纸夹就很难分解为子问题。作为通用的规则，设计师应该试图去分解设计问题，但是，也应该意识到这种分解可能对于功能十分单一的产品来说并不是十分有用

七、在概念生成活动中如何进行内部研究

内部研究是设计师和设计团队利用自己的知识结构和创造性产生解决问题的概念。首先必须进行内部研究，这是概念生成活动中非常重要的一个环节，内部研究可以集思广益，可以产生出非常多的优秀概念，并且可以节约概念生成的时间。

这种研究之所以是内部的，是因为这个步骤中形成的所有概念都是从设计团队已有的知识中产生的。在新产品的开发过程中、这种活动或许是最无限制和最有创造性的。我们发现将内部研究考虑成这样一个过程非常有用，即从某个人的记忆中找出潜在的有用信息段，然后将信息运用于手头上的问题。这个过程可以由个人单独执行，也可以由一个团队来共同执行。

要想同时改进个人内部研究和小组内部研究，下面4个原则非常有用：

1．不急于判断

日常生活的许多方面，成功取决于快速估价一组可选对象并采取相应的行动的能力。由于我们日常生活中的大多数决策只需要几分钟或者几小时就可以确定，因此人们习惯快速作出决策。概念生成过程却大不相同，我们不得不花比较长的时间进行产品概念决策推理。因此，成功的关键是推迟几天或几星期再估价，这些估价是产生一大组可选对象所必需的。推迟判断的必要性通常转换成这样一种规则，即在设计团队概念生成会议上，不允许批判概念。对于察觉到概念中不足之处的个人来说，一个较好的方法是将判断转换成改善概念或替换概念的建议。

2．形成许多观念

大多数专家认为形成的观念越多,设计团队就越可能成功地开发解决问题空间。因此，应鼓励人们互相交流思想。因为，每一种思想对另外的思想来说都是一种刺激，许多思想集中在一起就可能激发更多的思想。

3．对看起来不可行的思想也要欢迎

起初看起来不可行的思想可由小组中的其他成员改进、"调试"、

商品的诞生
Birth Of Goods

"修理"。一种思想越不可能，它越可能触及到解决问题的边缘。因此，不可行思想相当有价值，对于这种思想应当予以鼓励。

4. 使用图形媒介和物理媒介

用文字解释物理和几何图形信息非常困难。描述物理本质时，文本和口头语言有不足之处。无论是设计团队还是设计师，都应该利用丰富的草图和快速的效果图进行概念的表达。对于需要深入理解的形式和空间关系问题来说，泡沫、黏土、纸卡和其他的三维模型都是非常合适的辅助工具。

说明：这是 JASONFRIEND 为年轻人设计的电子数码产品形成的许多概念

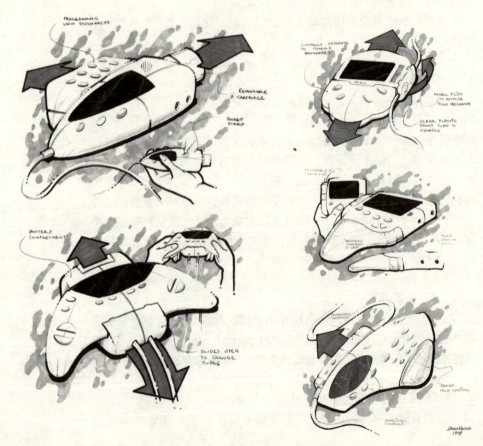

八、在概念生成活动中如何进行外部研究

外部研究的目的在于为整个问题,以及识别出来的子问题寻找已有的解决方法。在开发过程中,外部研究时常发生,运用已有的解决方案通常比开发一种新方案更快捷。自由使用已有的解决方案使设计团队能够将自己拥有的能量集中在关键的子问题上。某一个子问题的常规解决方案通常和另一个子问题的新颖解决方案结合在一起,就形成了一种高级的全局设计方案。外部研究包括许多详细的评价,这些评价的对象不仅包括直接的竞争性产品,而且包括与子功能相互联系的产品中所用的技术。

外部研究解决方案本质上是一个信息收集的过程,使用扩展和聚焦策略可以优化可利用的时间和资源:首先,广泛收集有关的信息,以扩大研究的范围;接着,将搜索范围集中在有发展前景方向的,并对它进行更详细的挖掘。

从外部资源收集信息至少有几种方法:领先用户调查、向专家咨询、专利研究、文献研究等。

1. 领先用户调查

当确认顾客需要时,设计团队或许已经访问过或遇到过领先用户。领先用户是某一类产品的用户,他们在主要市场形成之前的几个月甚至几年就已经使用该产品,而且从产品更新中获得不少利益。通常来说,这些顾客在将来的某个时间会发明满足自己需要的解决方案。在高技术顾客社会里,例如医学或科学领域的顾客,这种情况更是不足为奇。在为市场开发一种新产品时,设计团队会找到领先用户。此外,在为某些产品实施子功能时,设计团队也会找到相应的领先用户。

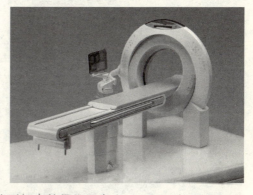

说明:医疗器械领域的产品,他们的购买者为科学领域的顾客,设计师对此类产品设计时,需进行领先用户调查

2. 向专家咨询

具有一种或多种子问题知识的专家不仅能够直接提供解决办法,而且能够指导开发工作在更有前景的领域中进行。专家可以是制造相关产品的公司的专家、专业顾问、大学教师,以及供应商技术代表。通

过访问大学、公司和查询文章作者这些方式，就可以发现他们。虽然寻找专家是一项艰苦的工作，但是和重新建立已存在的知识相比，它通常花费的时间较少。

3．专利研究和文献研究

专利研究和文献研究是概念生成活动中最直接也是最容易进行的外部系统研究，是收集解决概念的一种重要方法。故在下一节中有专题讲解。

九、如何利用已经出版的文献和专利进行产品的概念设计研究

1．专利文献

是指专利申请文件，是经国家主管专利的机关依法受理、审查合格后，定期出版的各种官方出版物的总称。

专利文献不仅包括发明（实用新型、外观设计）专利申请书和发明专利说明书，也包括有关发明的其他类别的文件及专利局公开出版的各种检索工具书（如专利公报、专利年度索引等）。我国出版的专利文献主要包括：

（1）发明专利公报、实用新型专利公报和外观设计专利公报；

（2）发明专利申请公开说明书、发明专利说明书；

（3）实用新型专利说明书；

（4）专利年度索引。

2．专利应用设计

就是利用已经有的专利或者已经过期的专利进行改进，产生新的概念设计方案，并且形成新的设计思想。专利文献的利用，是产生创新设计的一大捷径。

专利是内容丰富、容易利用的技术信息资源，它包括许多产品详细的绘图和工作原理的解释。使用专利一定要得到许可。但使用没有注明全球范围的外国专利和

说明：折叠式脚踏车，在造型、结构、材料、工艺等领域都有重大突破，获得世界上很多国家多项专利

过期专利的概念，并不需要任何特许权。

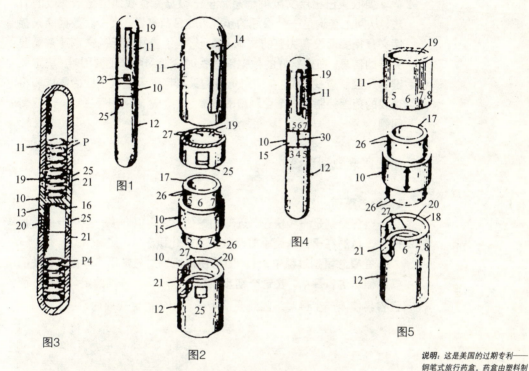

图1 图2 图3 图4 图5

说明：这是美国的过期专利——钢笔式旅行药盒。药盒由塑料制成，包括三个部分，即由一个中心部件和两个端帽组成

3．利用专利进行概念设计可以有以下几个方面的意义

（1）可以综合利用

许多产品所涉及的专利技术不止一个，只有同时对几个不同的专利资料加以利用，才有可能解决问题，从而实现新概念生成的目的。

（2）可以从专利中寻找规律

通过非常多的专利信息研究，可以发现许多成功和失败的因素。通过专利的研究，可以发现发展的轨迹，从而实现新概念生成的目的。

4．如何利用已出版的文献进行概念设计研究

已出版的文献包括杂志、会议记录、贸易杂志、政府报告、市场信息、顾客信息、产品信息，以及新产品广告。因此，文献研究是非

商品的诞生
Birth Of Goods

常丰富的现有解决方案资源。

要收集已出版文献的信息,电子数据库查找通常是最有效的方法。从网上查询是一个很好的步骤。就目前来说,大多数数据库只存储文章摘要而没有完整的文本和图形。继续查找实际的文章通常需要完善的信息。在进行好的数据库查找时会遇到两个主要困难:决定关键字和控制查找范围。在使用更多的关键字扩大查找范围的需求和将查找的范围控制在一个可测量的范围之内的需求之间存在着一个权衡问题。

十、概念甄别系统

1. 概念甄别

概念甄别是一种快速、近似的评估,它可以产生一些可行的替换概念。目的在于快速缩小概念数目并优化概念。

在概念甄别过程中,设计团队使用甄别对与常用参考概念相关的模糊概念进行评估。在这个初步阶段,很难得到详细的定量比较,而且容易使人产生误解。因此要使用一种粗糙的比较评估系统。

说明:早餐托盘、杯碟的底部带有吸铁石,牢牢吸附在桌面上,免去杯倾盘倒的麻烦。中间设有显示屏,无线连接上网。你是否会因为把看似风马牛不相及的元素放在一起,而担心不被消费者接受,最终放弃这么好的概念呢

2. 概念甄别选择标准

(1) 外部决策:由顾客、客户或某些其他外部实体选择概念;

(2) 产品支持者：产品设计团队中有影响的成员基于个人的偏好选择概念；

(3) 直觉：根据感觉来概念，并不使用明确的标准或方法；

(4) 多数表决：设计团队的每个成员投票选出几个概念，得票最多的概念被选中；

(5) 辩论：设计团队列出每种概念的优缺点，并根据小组意见作出决策；

(6) 原型和测试：相关单位建立每种概念的原型并对其进行测试，然后根据测试所得数据做出决定；

(7) 决策：设计团队依据预先制定的选择标准对每种概念进行评估，而后进行决策。

3．概念甄别的过程容易产生的问题

(1) 假定设计仍处在相当抽象的阶段，设计团队如何选择最好的概念？

(2) 整个设计团队如何作出决策？

(3) 如何识别和使用较差概念中的合理成分？

(4) 如何将决策过程变成正式文件？

4．概念甄别的意义

产品开发的所有早期概念生成阶段对产品的最终成功都产生极大的影响。当然，一个产品取得良好的市场业绩，关键取决于产品概念，而概念选择过程有助于维持开发过程在概念阶段的客观性。但是许多实践者和研究者都认为，产品概念的选择也极大地影响了产品的最终制造成本。

正确的概念选择具有下面几个意义：

① 关注顾客：因为是根据顾客导向标准来明确评估概念的，因而已选定的概念可能集中在顾客满意上。

② 竞争性设计：用相应的现有设计作为概念基准，设计者依据关键尺寸推动设计朝着赶上或超过竞争者产品性能的方向发展。

③ 较好的选择产品：使用相应的制造规则对产品进行评估，可以改善产品的可制造性，并且有助于使设计的产品和公司的生产、设备、人力资源等能力相匹配。

④ 缩短产品导入的时间：概念生成的优化选择方法已成为一种通用语言，被工业设计师、制造工程师、销售人员，以及项目管理者共同使用。它简洁明了，交流速度快，错误概率低。

⑤ 有效的小组决策：在设计团队内部，组织方式和方针、参加成员的意愿，以及设计团队成员的经验都会影响概念选择过程。优化选择方法根据客观标准激励决策，并使影响产品概念的随机因素和人为因素发生的概率减到最小。

十一、概念设计阶段的挑战

新概念生成不是一件容易的事，很少有公司能达到50%以上的成功率。这对于产品设计与开发团队是一个挑战。使产品设计与开发具有挑战性的一些特征是：

1．利益权衡

一架飞机可以被制造得更轻便，但这样可能会增加制造成本。产品开发最困难的方面之一是识别、理解和各种利益权衡，科学权衡各方面利益，可以使得产品开发的功效最大化。

说明： 飞机制造得更轻便的代价是增加制造成本。但可以使飞行高度更高，如何科学权衡各方面利益，使得产品开发的功效最大化

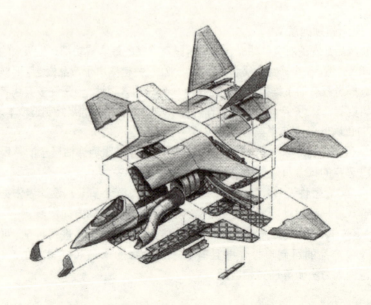

2. 决策动力

是指技术推动、顾客偏好的演变、竞争者引入新产品和宏观经济环境的转变等。在一个变化的环境中进行决策是一项艰巨的任务。

3. 细节设计

一个即使是适度复杂产品的开发也需要许多细节设计方面的决策。

说明：计算机外设的保护盖是用螺钉还是用卡口固定，这样一个选择可能会带来数百万美元的经济冲击

4. 时间的压力

如果有足够多的时间，许多困难都是可以解决的。但是，产品开发的决策必须在没有充分信息、没有充分时间的情况下迅速作出决策。

5. 经济学原则

开发、生产和营销一个新产品需要大量的投资。为了获得合理的投资回报，最终的产品必须满足消费者需求，且生产成本相对低廉。

6. 创造性

产品开发流程开始于一个想法，结束于一个有形物品的生产。不管是从整体的角度还是从单项活动的角度来看，产品开发流程都非常具有创造性。

7. 满足社会和个人的需要

所有产品都以满足某种需要为目的。那些对新产品开发感兴趣的个人总能找到相应的机构，使得他们能够开发出自己认为可以满足重要需求的产品。

8. 团队多样性
新产品开发需要许多不同的技能和天赋，因此，开发团队中往往包括具有各种各样技能、经历、思维方式和人格特性的个人。

9. 团队精神
产品开发团队往往是被高度激励的、具有很强合作性的群体。团队成员可能居住在一起，以使他们集中集体的智慧来创造产品，这种情况能够在团队成员间产生持久的朋友关系。

对许多人来说，产品开发可能是非常有趣的。因为它具有很强的挑战性。对另一些人来说，产品开发的本质特征也可以增加它的吸引力。

十二、产品概念生成活动中容易发生的问题和错误

1．没有团队精神，在概念生成活动中自己完成全部工作，从来不征求其他相同知识结构和不同知识结构设计师的意见。

2．在概念生成活动中只考虑设计师的意见，而没有考虑销售人员、中间商和工程师的意见。

3．在概念生成活动中只考虑一两个替换对象，而且通常由小组中过分自信的成员提出来。

4．在概念生成活动中没有考虑其他公司相关和非相关产品中所用概念的作用。

5．在概念生成活动过程中只涉及一两个人，导致小组其他成员缺乏自信心和责任。

6．在概念生成活动中部分好的解决方案进行了无效组合。

7．在概念生成活动中没有考虑整个解决方法的范围。

8．在概念生成活动中没有全面准确地捕捉市场现实和潜在的需求。

9．在概念生成中没有把握众多相关领域技术的发展。

10．在概念生成活动中对于全新产品的设计，从市场调查获

得的初始顾客需求一般是模糊的、多种多样的和不定性的。因此，初始需求说明往往是不完全的、不一致的，有时甚至是不可行的。另外，顾客需求经常变化，很可能在设计活动中有了新的需求。

十三、在概念设计阶段对工业设计师的能力要求

1．认识问题的能力

对思维深度与广度能力的认知。设计师应具有从哲学层面上思考问题的能力，需要学习者广泛的猎取新知识，尽可能的利用现代媒体吸收信息，加深思考问题的深度。

2．发现问题的能力

对思辩能力的认知。通过市场调研，在对周边事物的认知中能敏锐的发现问题所在，以设计师特有的眼光与感觉发现问题的关键。

3．提出问题的能力

对创造性思维能力的认知。发现问题并能提出解决问题的概念，这是非常重要的能力。爱因斯坦说过：提出一个问题往往比解决一个问题更为重要，因为解决问题也许仅是一个数学上或实验上的技能而已，而提出新的问题，新的可能性，从新的角度去看旧的问题，却是创造性的想像力，而且标志着科学的真正进步。

4．解决问题的能力

对综合能力和技术能力的认知。发现问题的目的是为了解决问题，作为设计师是靠我们创造性的思维，通过我们具体的方法论与技术水平，切切实实地解决这些产品存在的问题，以求新的设计尽善尽美。

以上四种能力，体现了设计师所需要的关键知识点，有效地抓住这四种能力的培养，对培养设计师的素质有直接的作用。同时，这也是一种后劲能力的培养，不论学生今后的工作领域如何，都将发挥作用。

商品的诞生
Birth Of Goods

说明：设计师是靠创造性的思维，通过具体的方法论与技术水平，切切实实地解决这些产品存在的问题，以求新的设计尽善尽美

练习题目：

　　(1) 开发一个有关城市交通服务的产品设计的概念？
　　(2) 开发一个有关仓库加热系统的产品设计的概念？
　　(3) 运用新技术来开发一种新的电动汽车的创意设计？
　　(4) 开车的人都希望汽车的控制手柄容易够到和使用。一种设计方案是将汽车的鸣笛、收音机开关等都设置在方向盘上，但方向盘上安装的控制开关太多，就会挤在一起不便于使用。我们应该优先安装哪些控制开关呢？
　　(5) 为问题"处理草坪上的树叶"生成20个新概念。

思考题目：

　　(1) 什么类型的产品在概念生成过程刚开始时会注重它的形式、以及产品的用户界面而不注重技术核心？请举出几个例子。
　　(2) 假定10个人单独工作能产生10个完全不同的创意。而10个人共同努力会产生10个类似但质量更高的创意。那么人们应该各自进行，还是共同努力？
　　(3) 集体讨论的优点和缺点是什么？集体讨论是如何提供新产品创意的？

本章提示：

作为工业设计的在校学生和企业的产品开发者，以及开发的管理者，您了解下列问题吗？

一、常用工程 CAD 软件介绍
二、参数化设计
三、三维 CAD 系统的装配设计技术
四、什么是装配模型

学习的目的和要求：

产品设计是一个复杂的过程，涉及到产品的结构设计、装配设计，以及产品制造。一个优秀的产品设计，必须考虑产品的整体设计、制造和销售的所有环节。学习本章的主要目的是，了解工程设计的每个过程、相应的设计方法，以及设计所需要的平台，了解工程设计中有关设计方法的基本概念。

商品的诞生
Birth Of Goods

第四章 产品工程设计基础

一、常用工程CAD软件介绍

1．Unigraphics 软件

Unigraphics（简称UG）软件起源于美国麦道（MD）公司的产品，1991年11月并入美国通用汽车公司EDS分部。2003年，推出UGNX最新版本软件。它集成了美国航空航天、汽车工业的经验，成为机械集成化CAD/CAE/CAM主流软件之一，广泛应用在航空航天、汽车、通用机械、模具、家电等领域。

UG是世界上最先进、最完整的产品生命周期管理系统，可以让企业的产品开发力量得到前所未有的结合。它开创了以流程为基础的设计和集成概念设计的新路向，能大大提升企业的创意、生产力、交流、控制和管理能力。UG作为基于过程的产品开发系统的领先者，针对市场、设计过程和产品提供了强大的解决方案——集成的概念设计、实时的协同设计和世界上最好的产品设计模块与加工模块；提供了一个从设计、分析到制造的完全的数字产品模型；提供了一个从造型到制造的完全集成的系统。

作为一个完整的产品开发系统，UG能够把任何产品构想付诸实际。它涵盖了培育创新、获取知识、标准化过程、提高生产效率，以及高度协同等先进的理念，并体现于实际应用中的产品建模、设计导航、性能分析，以及确保加工性能和质量。

说明：这是一个UG界面

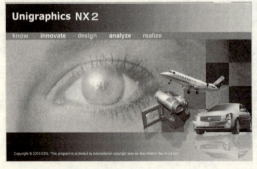

（1）概念设计和可视化

UG能够迅速而准确地把抽象的概念转化为实际产品的设计工具，协助造型师、设计师和工艺加工人员，在同一时间、对同一产品进行协同的工作。UG/Shape Sudio是在产品建模系统中能够直接的、持续的进行交流的工业设计

解决方案。UG是一个理想的集成的CAID（计算机辅助工业设计软件）和CAD的软件，解决了以往难以克服的CAID和CAD数据传输的难题。它所提供的自由形状建模和造型功能不仅可以创建出许多突破性的设计，而且还能让后续的设计和加工人员在同一时间、对同一产品进行协同的工作。

（2）产品设计阶段

UG是惟一拥有三种完整的建模方法理论的产品开发系统，消除了设计上的限制及设计死角，甚至可以在非参数化的模型中加入特征。UG/Knowledge Fusion（知识融合技术）可以把自己独特的工程知识嵌入到系统当中，使设计者通过自己认为重要的工程设计标准直接进行设计，无须受到所运用的建模软件的支配，也无须改变最初的设计，而不是系统要求您去做什么。

（3）系统设计和管理

Unigraphics是惟一的能够提供系统级设计能力的产品开发系统，它能够管理部件之间、装配间、产品配置间及整个产品线配置的关系，这一点远远超过了其他只能管理简单零件内关系的竞争对手。

说明：计算机结构设计

UG的WAVE技术，把参数化建模技术提高到了更高级的系统与产品的设计阶段，提供配置和控制产品全范围的参数化技术，是惟一提供产品层次控制的系统。在这种更高级的产品设计模式中，用户能够设计出适合于装配级和产品级的零件。利用自顶向下，基于系统的方法进行产品设计；产品总体参数驱动，实现产品级更改，快速产品变形，共同帮助用户在拟定时间里开发出高质量的、复杂的产品。

（4）过程自动化

未来提高生产率的重要因素不是更好的参数化，而是具备优化、可重复利用和灵活的知识运用。基于知识融合技术，UG采用内嵌的过程自动化，帮助设计者将一个过程标准化，使其能够被重复利用。

工艺装备是产品开发过程中最需要投入人力的几个阶段之一，它包括注塑模设计、级进模设计和工装夹具设计等。幸运的是，像这些需要进行知识捕获,并把标准过程自动化的工作是UG的专长。UG不仅使那些冗长的过程全部自动化,而且还提供专家级的指导,给设计赋予了新的含义。UG以基于过程的解决方案,将减少您的前期准备时间,使您的产品能够更快的推向市场。

(5) 模具设计

UG能为设计人员提供业界最为强大的模具设计和制造功能,它的过程向导捕捉了业界特有的过程知识,融合了工业界专门的知识与经验,创立了最有效率的工作流程。生产率可以提高2~3倍,能让经验很少的设计人员同样能够设计出高质量的模具的先进工具,如注塑模具向导、级进模具向导、冲压模向导等。

说明:模具设计

(6) 基于过程的设计

基于过程的设计——专业领域设计自动化。UG的过程向导捕捉了业界特有的过程知识,极大地改进了工作流程效率,并把设计技术中复杂的因素连接到了自动化的过程当中。过去仅在少数专家头脑中的知识,现在可供经验很少的设计人员来使用,比如注塑模具向导、级进模具向导、齿轮工程向导、冲压工程向导、焊接助理、加工专家推荐和强度向导等。UG是一个集成了过程向导、知识融合、产品验证的智能机械CAD软件包。

(7) 产品工程和仿真

UG是惟一具有能够为设计人员提供进行自动评估的质量评测工具的产品开发系统,它可以为设计节省至少50%的确认时间。同时提供简便易学的性能仿真工具,使任何设计人员都可以进行高级的性能分析,创建出高质量的模型。

(8) 产品质量

UG质量管理链是一个革命化的企业质量解决方案。整个企业和供应链能以电子的、无纸化的表格形式创建、浏览和共享质量信息。

(9) 产品制造与工具管理

一整套的加工应用技术——UG CAM已经得到了极大的提高。过去,UG的功能主要是提供生成NC代码的工具以及后置任务,现在,

第四章　产品工程设计基础

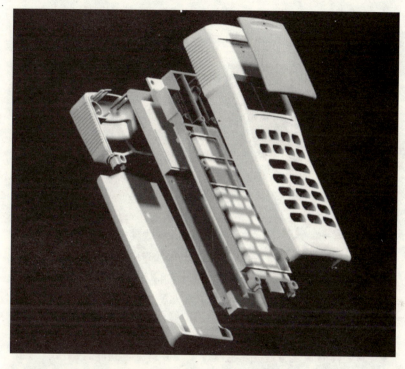

说明：这是一个产品仿真

这些功能将继续为用户提供。同时，在这些领域使用了最新的加工切削技术，比如高速切削加工、样条插补以及数字检验确认，这些将极大地提高用户的生产力。

除传统的功能外，UG增加的解决方案包括对加工数据的计划、管理和分配方案，利用和提供公司的工艺和最好的实践经验，提供一个中枢数据结构，在一个公司内，甚至在全球的范围内的若干加工系统中共享信息。

（10）协同与通讯

复杂的产品设计总是需要一支庞大的、专家云集的设计队伍，来为新产品投放市场紧密的工作在一起。现在，这支队伍甚至扩展到了全球范围。即使是在理想的状态下，产品设计细节的交流、确定产品设计缺陷的位置、产品设计更新的讨论，都不是一件简单的事情。UG的协同化提供了一个强大的工具，能够大大地提高任何设计队伍的工作效率。利用设计协同环境，设计改动即时获得评估，所有人员都被

073

商品的诞生
Birth Of Goods

说明：数控加工模型

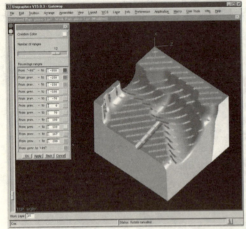

付予和任何人交流沟通的控制权，所有人员都可根据其设计经验作出最大的贡献。

2．Pro/Engineer 系统

Pro/Engineer 系统是美国参数技术公司(Parametric Technology Corporation，简称PTC)的产品。PTC公司提出的单一数据库、参数化、基于特征、全相关的概念改变了机械CAD/CAE/CAM的传统观念，这种全新的概念已成为上世纪90年代世界机械CAD/CAE/CAM领域的新标准。利用该概念开发出来的第三代机械CAD/CAE/CAM产品Pro/Engineer软件能将设计至生产全过程集成到一起，让所有的用户能够同时进行同一产品的设计制造工作，即实现所谓的并行工程。

Pro/Engineer 系统主要功能如下：

（1）真正的全相关性。任何地方的修改都会自动反映到所有相关的地方。

（2）具有真正管理并发进程、实现并行工程的能力。

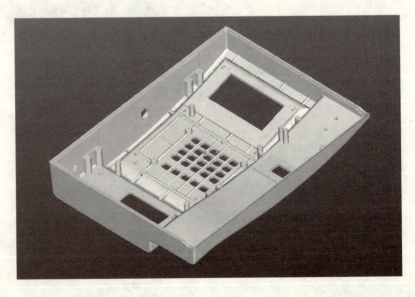

说明：PROE产品设计

（3）具有强大的装配功能,能够始终保持设计者的设计意图。
（4）容易使用,可以极大地提高设计效率。

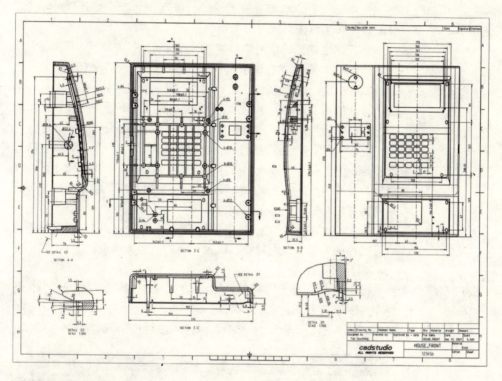

说明：PROE产品设计图纸

3. Solidworks 软件

功能强大、易学易用和技术创新是SolidWorks的三大特点,使得SolidWorks成为领先的、主流的中端三维CAD解决方案。SolidWorks能够提供不同的设计方案、减少设计过程中的错误,以及提高产品质量。

只要熟悉微软的Windows系统,基本上就可以用SolidWorks来搞设计了。SolidWorks独有的拖拽功能使你能在比较短的时间内完成大型装配设计。SolidWorks资源管理器是同Windows资源管理器一样的CAD文件管理器。

在目前市场上所见到的中端三维CAD解决方案中,设计过程最简便、最方便的莫过于SolidWorks了。就像美国著名咨询公司Daratech

商品的诞生
Birth Of Goods

所评论的那样:"在基于Windows平台的三维CAD软件中,SolidWorks是最著名的品牌,是市场快速增长的领导者。"

使用SolidWorks,整个产品设计可以百分之百的编辑,零件设计、装配设计和工程图之间是全相关的。

（1）"全动感的"用户界面

只有SolidWorks才提供了一整套完整的动态界面和鼠标拖动控制。"全动感的"用户界面减少了设计步骤,减少了多余的对话框,从而避免了界面的零乱。崭新的属性管理员用来高效地管理整个设计过程和步骤,而且操作方便、界面直观。

Works资源管理器可以方便地管理CAD文件。SolidWorks资源管理器是惟一一个同Windows资源管理器类似的CAD文件管理器。特征模板为标准件,提供了良好的环境,用户可以直接从特征模板上调用标准的零件和特征,并与同事共享。

SolidWorks提供的AutoCAD模拟器,使得AutoCAD用户可以保持原有的作图习惯,顺利地从二维设计转向三维实体设计。

（2）配置管理

配置管理是SolidWorks软件体系结构中非常独特的一部分,它涉及到零件设计、装配设计和工程图。配置管理使得设计人员能够在一个CAD文档中,通过对不同参数的变换和组合,派生出不同的零件或装配体。

说明:这是solidwork软件建模成的造型奇特的CD架

(3) 协同工作

SolidWorks 提供了技术先进的工具，使得设计人员通过互联网进行协同工作。通过 eDrawings 方便地共享 CAD 文件。eDrawings 是一种极度压缩的、可通过电子邮件发送的、自行解压和浏览的特殊文件。

SolidWorks 支持 Web 目录，使得设计人员将设计数据存放在互联网的文件夹中，就像存本地硬盘一样方便。

用 3D Meeting 通过互联网实时地协同工作。3D Meeting 是基于微软 NetMeeting 的技术而开发的专门为 SolidWorks 设计人员提供的协同工作环境。

(4) 装配设计

在 SolidWorks 中，当生成新零件时，设计人员可以直接参考其他零件并保持这种参考关系。在装配的环境里，可以方便地设计和修改零部件。对于超过一万个零部件的大型装配体，SolidWorks 的性能得到极大的提高。

SolidWorks 可以动态查看装配体的所有运动，并且可以对运动的零部件进行动态的干涉检查和间隙检测。

(5) 工程图

SolidWorks 提供了生成完整的、车间认可的详细工程图的工具。工程图是全相关的，当设计人员修改图纸时，三维模型、各个视图、装配体都会自动更新。从三维模型中自动产生工程图，包括视图、尺寸和标注。

(6) 零件建模

SolidWorks 提供了无与伦比的、基于特征的实体建模功能。通过拉伸、旋转、薄壁特征、高级抽壳、特征阵列以及打孔等操作来实现产品的设计。

通过对特征和草图的动态修改，用拖拽的方式实现实时的设计修改。

(7) 曲面建模

通过带控制线的扫描、放样、填充以及拖动可控制的相切操作产生复杂的曲面，可以直观地对曲面进行修剪、延伸、倒角和缝合等曲面

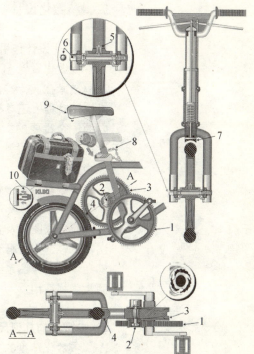

说明：使用 SOLIDWORKS 软件所做的自行车装配设计

的操作。

(8) 钣金设计

SolidWorks 提供了顶尖的、全相关的钣金设计能力。

(9) 用户化

SolidWorks 的 API 为用户提供了自由的、开放的、功能完整的开发工具。开发工具包括 Microsoft Visual Basic for Applications (VBA)、Visual C++，以及其他支持 OLE 的开发程序。

(10) 帮助文件

SolidWork 配有一套强大的、基于 HTML 的帮助文件系统，包括超级文本链接、动画示教、在线教程以及设计向导和术语。

(11) 数据转换

SolidWork 提供了当今市场上几乎所有 CAD 软件的输入／输出格式转换器。

二、参数化设计

1. 参数化设计作用及意义

参数化设计 (Parametric)（也叫尺寸驱动 Dimension-Driven）是 CAD 技术在实际应用中提出的课题，它不仅可使 CAD 系统具有交互式绘图功能，还具有自动绘图的功能。目前它是 CAD 技术应用领域内的一个重要的、且待进一步研究的课题。利用参数化设计手段开发的专用产品设计系统，可使设计人员从大量繁重而琐碎的绘图工作中解脱出来，可以大大提高设计速度，并减少信息的存储量。

参数驱动是一种新的参数化方法，其基本特征是直接对数据库进行操作。因此它具有很好的交互性，用户可以利用绘图系统全部的交互功能修改图形及其属性，进而控制参数化的过程。与其他参数化方法相比较，参数驱动方法具有简单、方便、易开发和使用的特点，能够在现有的绘图系统基础上进行二次开发，而且适用面广，对三维问题也同样适用。

2. 参数化的几何尺寸约束

参数化造型的主体思想是用几何约束、工程方程与关系来说明产

第四章 产品工程设计基础

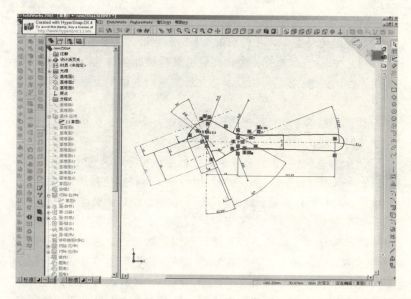

说明：参数化

品模型的形状特征，从而达到设计一簇在形状或功能上具有相似性的设计方案。目前能处理的几何约束类型基本上是组成产品形体的几何实体公称尺寸关系和尺寸之间的工程关系，因此参数化造型技术又称尺寸驱动几何技术。

参数化实体造型中的关键是几何约束关系的提取和表达、几何约束的求解，以及参数化几何模型的构造。目前，二维参数化技术已发展得较为成熟，在参数化绘图方面已得到了广泛应用。而三维参数化模型能处理的问题都比较简单，能处理的类型主要是轴线、平面和轴对称面，能处理的约束类型还很有限。

目前三维参数化模型能处理的约束类型
① 两个或多个平面间的垂直距离；
② 两个或多个轴线间的垂直距离；
③ 两个或多个平面间的角度；
④ 轴和平面间的垂直距离；
⑤ 两个或多个轴线间的角度；
⑥ 轴和平面间的角度；
⑦ 轴对称面的半径。

079

3．几何约束关系的表示

在参数化造型中，几何约束关系的表示形式主要有：

（1）由算术运算符、逻辑比较运算符和标准数学函数组成的等式或不等式关系，它们可以从参数化造型系统的命令窗中直接以命令行形式输入；

（2）曲线关系，直接把物理实验曲线、或曲线、或其他特性曲线用于几何造型；

（3）关系文件，是许多关系命令行语句和特定语句的集合。多种几何约束关系，包括联立方程组可以写成一种特定格式的文件（即用户编程）输入到计算机，成批驱动几何设计。例如，确定一个立方体的长 $d1$、宽 $d2$、高 $d3$，约束条件可以是：立方体的底面积等于100，底面周长等于50。面向人工智能的知识表达方式，这种方式将组成几何形体的约束关系，并写入知识库中。知识表达的方式一方面是以符号化形式表达各种类型的数据，求取符号解；另一方面是加上基于约束的几何推理，求取数值解，从而在更大程度上实现机械产品的智能设计。

4．几何约束的求解

几何约束的求解方法主要有数学计算和几何推理两种。数学计算方法的思想是通过一系列特征点来定义形体的几何，所有约束和约束之间的工程关系都可以换成以这些点为未知变量的方程，方程的求解就能惟一地确定精确的几何。在以 B-rep 模式表达几何形状的情况，这些特征点一般为边界上的轮廓顶点、圆心点、自由曲线或曲面的控制顶点，以及基本体系的定位点。也就是说，所有的高级几何实体（诸如边、线、面、体）都可以由这些特征点惟一定义。

5．参数化几何模型的构造

集合形体的参数化模型是由传统的几何模型信息和集合约束信息两大部分组成。根据几何约束和几何拓扑信息的模型构造的先后次序、依存关系，参数化造型可分两类：一类是几何约束作用在具有固定拓扑结构形体的几何要素上，几何约束值不改变几何模型的拓扑结构,而是改变几何模型的公称大小。这类参数化造型系统以B-rep为其内部表达的主模型。必须首先确定清楚几何形体的拓扑结构才能说明几何约束模式;另一类是先说明参数化模型的几何构成要素及它们之间的约束关系,而模型的拓扑结构是由约束关系决定的。这类参数造型系统CSG表达形式为内部的主模型,可以方便地改变实体模型的拓扑结构,并且便于以过程化的形式记录构造的整个过程。

说明:将伸缩的概念运用于协力车上,使用相同模组之主结构可前后拉伸,缩短后的车身长度减少,可供单人骑乘并利于收藏

国内外已推出了成熟的参数化造型系统,现在大部分三维的CAD系统都具备参数化设计的功能,已经实现了参数化设计的概念,即通过完备而准确的参数和数据关系来驱动实体。一方面,通过关系可以为某个尺寸赋一个值,或者通过解联立方程组给多个尺寸提供值;另一方面,通过关系控制修改设计效果,也可通知设计者哪些条件已经失效(如某尺寸超过了某个范围)。这些CAD系统设计零件是基于三维实体和参数化的,它完成实体构造后,按照严格的投影关系生成三视图及用户需要的辅助图。在处理三维实体、二维工程图、截面图、尺寸关系和其他各类数据时,修改某一数据后,与之相应的一切相关数据(零件图形、尺寸标注和含有该零件的总成等)都将自动改变,从而充分保证了设计数据的一致性。所以三维CAD软件的参数化设计大大提高了相似零件的生成速度,用户对零件的特征定形(形状参数化)和定位(位置参数化)后,通过改变参数的值,系统就可以立即得到新的零件,而不必用户从头再来。大部分三维CAD软件提供了由算术运算符、逻辑运算符、标准数学函数及曲线关系建立参数符号、尺寸、公差,以及字符之间关系式的方法,用户可以将各种约束关系式以命令形式输入或者关系文件的形式输入系统,从而得到所需图。

三维建模方法无论是在CAD/CAM集成系统中,还是在虚拟现实(VR)技术中都是不可缺少的重要的理论基础。

6. 变量化方法

长期以来，变量化方法只能在二维上实现，三维变量化技术由于技术较复杂，进展缓慢，一直困扰着CAD厂商和用户。

21世纪CAD领域具有革命性突破的新技术就是VGX。它是变量化方法的代表。VGX的全称为Variational Geometry Extended，即超变量化几何，它是由SDRC公司独家推出的一种CAD软件的核心技术。我们在进行机械设计和工艺设计时，总是希望零部件能够让我们随心所欲地构建，可以随意拆卸，能够让我们在平面的显示器上，构造出三维立体的设计作品，而且希望保留每一个中间结果，以备反复设计和优化设计时使用。VGX实现的就是这样一种思想。VGX技术扩展了变量化产品结构，允许用户对一个完整的三维数字产品，从几何造型、设计过程、特征，到设计约束，都可以进行实时直接操作。对于设计人员而言，采用VGX，就像拿捏一个真实的零部件面团一样，随意塑造其形状，而且，随着设计的深化，VGX可以保留每一个中间设计过程的产品信息。美国一家著名的专业咨询评估公司D.H.Brown这样评价VGX："自从10年前第一次运用参数化基于特征的实体建模技术之后，VGX可能是最引人注目的一次革命。"VGX为用户提出了一种交互操作模型的三维环境，设计人员在零部件上定义关系时，不再关心二维设计信息如何变成三维，从而简化了设计建模的过程。采用VGX的长处在于，原有的参数化基于特征的实体模型，在可编辑性及易编辑性方面得到极大地改善和提高。当用户准备作预期的模型修改时，不必深入理解和查询设计过程。与传统二维变量化技术相比，VGX的技术突破主要表现在以下两个方面：

第一，VGX提供了前所未有的三维变量化控制技术，这一技术可望成为解决长期悬而未决的尺寸标注问题的首选技术。因为传统面向设计的实体建模软件，无论是变量化的、参数化的，还是基于特征的或尺寸驱动的，其尺寸标注方式通常并不是根据实际加工需要而设，往往是根据软件的规则来确定。显然，这在用户主宰技术的时代不能令用户满意。采用VGX的三维变量化控制技术，在不必重新生成几何模型的前提下，能够任意改变三维尺寸标注方式，这也为寻求面向制造的设计(DFM)解决方案提供了一条有效的途径。

第二，VGX将两种最佳的造型技术直接几何描述和历史树描述结合起来，从而提供了更为易学易用的特性。设计人员可以针对零件上的任意特征直接进行图形化的编辑、修改，这就使得用户对其三维产品的设计更为直观和实时。用户在一个主模型中，就可以实现动态地捕捉设计、分析和制造的意图。

在SDRC公司1997年6月20日宣布的新版软件I—DEAS Master Series 5中，已经用到了这一技术。而且，这一产品自在美国宣布之日起，已经在北美、欧洲和亚太等地区，引起了不小的冲击波。福特汽车公司已经决定把I—DEAS Master Series 5软件应用到开发完整产品的数字样车的各个方面，认为这一包含诸多新技术的产品是实现该公司"Ford 2000" CAD/CAPP/CAM/PDM目标的关键。

说明：设计、制造和管理的集成体系

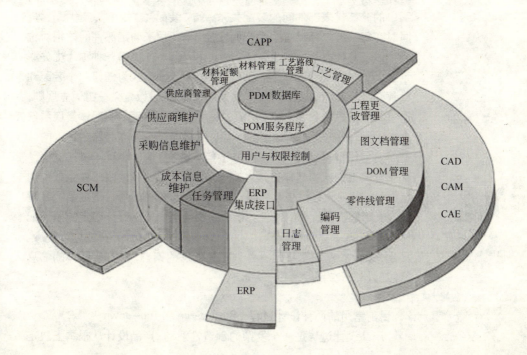

商品的诞生
Birth Of Goods

说明：铣刀头结构装配图

三、三维CAD系统的装配设计技术

1. 装配技术研究状况简介

装配模型的研究早在20世纪70年代就开始了，主要的发展趋势是由图表达的拓扑结构向树表达的层次结构发展。装配信息建模的核心问题是如何在计算机中表达和存储装配体组成部件之间的相互关系。这种相互关系包括相互位置关系，配合与连接关系等。目前，表示装配体信息的数据结构归纳起来可分为两类：（1）直接存储各装配部件之间的相互位置信息。（2）存储各装配部件之间的配合、连接等装配信息，确定装配部件相互位置是根据这些信息计算出来的。Liberman和Wesley开发了一个几何建模系统AUTOPASS，零件和装配体被表达成为图结构中的结点，图中的分枝代表部件间的装配关系，如"装配"、"约束"、"附属"等。同时在每个分枝上存有一个空间变换矩阵，用来确定部件间的相对位置，以及其他非几何信息。De Fazio和Whitney提出一种称为优先联系图（Precedence Relation Graph）的方法。他们认为任何一个装配动作都必须与其他的装配动作有优先关系，因此可以定义一组优先规则，通过将图排序得到装配序列。图中每个叶子结点表示装配体最底层部件：零件、根结点表示最终的产品，它是通过拆分作为原始输入的装配体几何模型得到的，有些类似于CSG结构。Lee和Gossard在提出了真正意义上的层次建模方法。它将装配体层层分解成由部件组成的树状结构，部件既可以是零件也可以是子装配。树的顶端是成品的装配体，末端是不可拆分的零件，其余的部分是由概念设计确定的子装配体。Lee引入了虚连接（Virtual link）的概念，整个装配树是由虚联接连接起来的，每个虚联接是一系列相关信息的集合，这样装配体的信息就能够层次化存储。

2. 目前常用的两种设计过程：Bottom-up 和 Top-down

产品设计过程是一个复杂的创造性活动，产品设计从根本上决定着产品的内在质量和生产总成本。随着世界经济的飞速发展和市场的全球化，降低成本、提高产品质量、缩短产品的开发时间，已成为企业生存、竞争、发展的关键。新的、有效的设计理论和方法的研究与实施，受到了学术界和企业界的广泛重视。现今流行的CAD系统提供了较强的零件实体造型功能，特别是特征造型技术的发展，使用户可以方便地设计出各种形状的零件。输入零件之间的几何约束关系，将设计好的零件装配成产品，这是目前CAD系统可以支持的一种自底向上（bottom-up）的设计过程。还有一种设计过程：自顶向下（top-down），在零件设计的初期就考虑零件与零件之间的约束和定位关系，在完成产品的整体设计之后，再实现单个零件的详细设计。两种设计过程各有各的特点及优势，但自顶向下（top-down）更能反映真实的设计过程，节省不必要的重复设计，提高设计效率。

（1）Bottom-up 设计过程

这是传统的CAD软件中通常使用的一种设计过程。它的主要思路是先设计好各个零件，然后将这些零件拿到一起进行装配，如果在装配过程中发现某些零件不符合要求，诸如：零件与零件之间产生干涉、某一零件根本无法进行安装等，就要对零件进行重新设计，重新装配，再发现问题，再进行修改（如图1），从以上情况可以看出，设计过程由于事先没有一个很好的规划，没有一个全局的考虑，设计阶段的重复工作很多，造成了时间和人力资源的很大浪费，工作效率低。这种设计过程是从零件设计到总体装配设计，既不支持产品从概念设计到详细设计，又不能支持零件设计过程中的

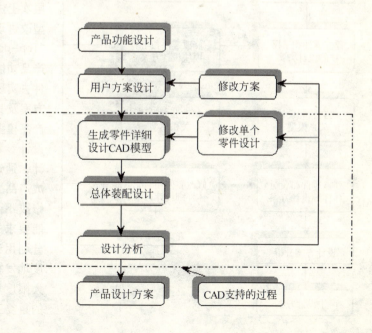

说明：Bottom-up 设计过程

信息传递，特别是产品零、部件之间的装配关系（如装配形式、层次、配合等）无法在现有的CAD系统中得到完整描述。即使有的CAD系统具有装配功能，但也仅仅是描述了实体模型中几何要素的低级关联信息，其装配则是通过坐标变换将已经设计好的零件拼凑到一起的过程。零、部件之间仍然没有必要的内在联系和约束，产品的设计意图、功能要求，以及许多装配语意信息都得不到必要的描述。但它的优点则是思路简单，操作快捷、方便，容易被大多数设计人员所理解和接受。

(2) Top-down 设计过程

随着计算机技术日新月异的发展，CIMS、并行工程概念的相继产生，以及动态导航技术和参数设计的综合运用，为产品设计从概念设计到零、部件详细设计，以及产品的并行设计提供了坚实的基础。为了设计出符合人们设计常规的、面向并行工程的新型CAD系统，我们提出了在装配层次上进行产品建模，用产品装配模型改进现有的CAD系统。自顶向下"Top-down"的设计过程，设计是从产品功能要求出发，选用一系列的零件去实现产品的功能。先设计出初步方案及其结构草图，建立约束驱动的产品模型；通过设计计算，确定每个设计参数，然后进行零件的详细设计，通过几何约束求解将零件装配成产品；对设计方案分析之后，返回修改不满意之处，直到得到满足功能要求的产品。这种设计过程能充分利用计算机的优良性能，最大限度地发挥设计人员的设计潜力，最大限度地减少设计实施阶段不必要的重复工作，使企业的人力、物力等

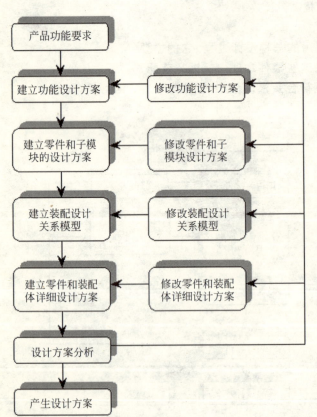

说明：Top-down 设计过程

第四章 产品工程设计基础

资源得到充分的利用，有利于提高设计效率，减少新产品的设计研究时间，使企业在市场竞争中占据有利的位置。(Top-down设计过程的思路如图2所示)。目前一些流行的CAD系统软件都声称支持Top-down设计。

目前，大多数三维CAD系统不管是国内自行研制开发，还是国外引进的，大部分也支持自顶向下的设计过程，或者是部分地支持自顶向下的设计过程。有些软件在支持自顶向下的设计过程方面做得比较出色，如SDRC公司的I-Deas Master Series系列产品一经推出就得到了用户的青睐，大批量的定单从一个方面反映了此产品自身的价值。自顶向下的设计过程由于它本身的先进性、科学性和实用性已经引起了人们广泛的注意力和兴趣，在不久的将来，它必将统一CAD软件市场中的设计思路。在软件中解决和实现自顶向下的设计过程问题是摆在所有CAD软件开发者面前的一个迫在眉睫的工作，谁先解决，谁将在CAD市场中占据领先。

(3) 举例说明两种设计过程

下面的例子可以显示两种设计过程的不同。左图为应用Bottom-up设计过程设计的两个零件，这两个零件之间有一个同轴的约束，由图中可以清楚地看到，在这种设计过程中，先要定义好两个零件的详细

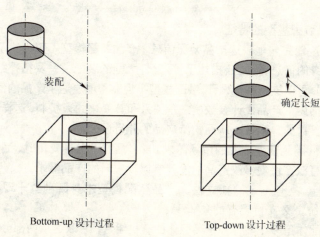

两种设计过程的比较

信息，再利用装配功能添加约束；而使用右图所示的Top-down设计过程进行设计则完全不同，在这种设计过程中，先定义好两个零件的位置，以及它们之间的约束关系，在此基础上完成零件的详细设计。作为装配体轴的轴线位置由于同轴的约束关系是事先已经定义好的，而轴的长度和直径则可以随时随地进行编辑修改。

四、什么是装配模型

今天，计算机辅助设计（CAD）技术的应用日益广泛和深入，现代制造技术中"面向制造的设计（DFM）"、"面向装配的设计（DFA）"等新的设计则希望计算机系统对设计过程在更高层次上提供更加全面的支持。

产品装配模型是一个支持产品从概念设计到零件设计，并能完整、正确地传递不同装配体设计参数、装配层次和装配信息的产品模型。它是产品设计过程中数据管理的核心，是产品开发和支持设计灵活变动的强有力工具。

建立产品装配模型的目的在于建立完整的产品装配信息表达，一方面使系统对产品设计能进行全面支持；另一方面它可以为新型CAD系统中的装配自动化和装配工艺规划提供信息源，并对设计进行分析和评价。

1．产品装配模型的特征

（1）能完整地表达产品装配信息。产品装配模型不仅描述了零、部件本身的信息，而且还描述了零、部件之间的装配关系及拓扑结构。

（2）可以支持并行设计。装配模型不但完整地表达了产品的信息，而且还描述了产品设计参数的继承关系和其变化约束机制，这样保证了设计参数的一致性，从而支持产品的并行设计。

（3）满足快速多变的市场需求。当产品需求发生变化时，通过装配模型可以方便地修改产品的设计，以适应新的产品需求。

（4）具有一定的独立性。产品装配模型本身既独立于现有的CAD系统，又支持现有的CAD系统。

装配体是多个零件和子装配体的有机组合，它表达了两部分的信息，一部分是实体信息，是装配体中各零、部件实体信息的总和，如：

点、线、面、材料、颜色等，人们能通过各种感觉来感知它的存在；另一部分信息是装配体内零、部件之间的相互关系信息，人们只能凭知识和理解能力感知它的存在，在产品的功能设计和产品考查阶段人们把大部分的注意力都集中在这部分关系信息上。几乎所有装配体的功能都是通过零、部件间的运动来实现的，这种运动就是由装配体内零件之间的关系量的不断改变产生的。所以，要得到一个正确的装配体以实现它的功能，就必须建立其内部零件间的正确和完整的关系。

产品装配模型主要描述产品零、部件之间的层次关系、装配关系，以及不同层次的装配体中的装配设计参数的约束和传递关系。

2．什么是产品的层次关系

产品零部件之间的关系是有层次的。一个产品可以分解成若干部件和若干零件，一个部件又可以分解成若干部件和零件。这种层次关系可以直观地表示成如图4所示的装配树。装配树的根节点是产品，叶节点是各个零件，中间节点是各个部件。装配树直观地表达了产品、部件、零件之间的父子从属关系。

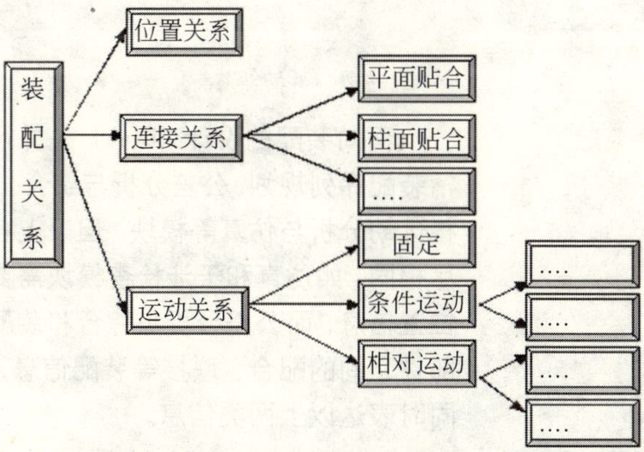

3．什么是产品的装配关系

产品中零部件的装配设计往往是通过相互之间的装配关系表现出来。因此，描述产品零部件之间装配关系是建立装配模型的关键。产品零部件之间一般具有如下4类基本的装配关系：

说明：装配关系的分层描述

（1）位置关系：描述产品中两个零部件几何元素之间的相对关系，如重合、对齐等。

（2）连接关系：描述产品零部件几何元素之间的直接连接关系，如螺钉连接、键连接等。

（3）配合关系：描述产品零部件之间配合关系的类型、代码和精度。

（4）运动关系：描述产品零部件之间的相对运动关系和传动关

系，如绕轴旋转等。

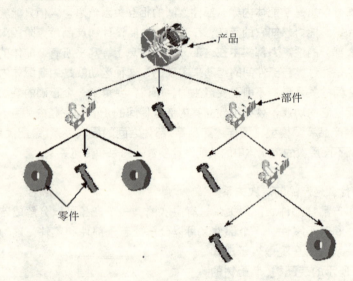

说明：装配树的层次关系

面向装配的设计（DFA）是并行工程中的重要组成部分之一，包括装配序列规划、公差分析与综合、装配过程仿真与动态干涉检查、机构运动分析与仿真等模块。但以上各个不同环节所需要的装配信息不尽相同，如仿真和干涉检查模块需要的主要是各装配部件之间的相互位置信息，而公差分析与综合和装配序列规划模块则主要关心各装配部件之间的配合、联接等装配信息。因此，完整的装配信息模型应能同时表达以上两类信息。

练习题目：
参数化设计在工程设计中的作用？

思考题目：
(1) 如何协调产品开发过程中工程设计和其他阶段的衔接？
(2) 设计方法和设计软件在产品开发中的作用和地位？
(3) 参数化设计在整个设计流程中的作用和地位？
(4) 工程材料和结构设计、工业设计的关系是什么？

本章提示:

作为工业设计的在校学生和企业的产品开发者,以及开发的管理者,您了解下列问题吗?

一、如何翘动市场,让市场应产品而动
二、产品的竞争战略
三、产品的品牌策略
四、产品的定价策略
五、产品的分销渠道策略
六、产品的促销策略
七、产品的广告策略
八、公共关系
九、营销策划书编制

学习的目的和要求:

只有通过商品化的运作,才能实现产品的最终价值。在产品工程化后,让市场知晓并接受产品是实现产品商业价值的根本所在。要求工业设计的学生通过学习本章内容,树立"只有把产品推向市场才能实现产品价值"的理念,并了解市场营销活动的各运作环节的内涵,对产品竞争战略、品牌策略和品牌定位、定价策略、渠道策略、促销策略、广告策略等基本概念和方法有一定的了解和把握。

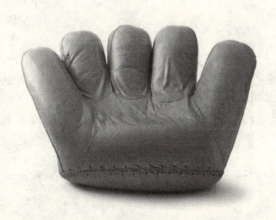

商品的诞生
Birth Of Goods

第五章　关于新产品的市场营销

一、如何翘动市场，让市场应产品而动

开发新产品是一项艰难的工作，不仅需要投入大量资金，而且过程复杂、成功率低，具有很大的风险性。因此，新产品开发应该按照一定的程序进行，将发现需求、甄别创意、形成产品概念、产品开发、制定市场营销战略、市场试销、批量上市等环节都精密设计，一站接一站地将产品从无到有推向兴旺。

企业早在寻求机会、提出创意和甄别创意之时，就一直站在消费者的立场，以市场为先导，及至形成产品概念阶段，一般会结合市场定位对每一个产品的几种设计方案进行认真评价修改，通过产品概念的市场实验了解目标市场可能的反应，进一步完善设计方案后加以定型。产品一旦定型，企业市场营销人员（也可能寻求专业咨询公司或广告公司的帮助）将全力投入于该产品的营销规划之中。

市场营销规划非常重要，因为市场推广活动是在市场营销规划的指导下有计划地进行的，没有有效的市场推广，产品永远只能是产品，而不可能成为商品，产品不成为商品，那前期从创意到制造环节所有的付出都无法实现其价值。

所谓新产品大致有三种：一种是全新的产品，这种产品实现了以前从未实现过的新的功能，或者以一种全新的技术实现了某种功能。

另一种是改良产品，改良产品不是全新产品，它或者是改进了技术，或者是用了新的

说明：第一台微波炉，用了全新的技术实现了烹饪的功能

材料改良了原来的产品，或者是把原本两个或多个产品的功能在一个产品里实现，等等。

还有一种是对老产品的继承发扬产品，这种产品只是对原来的产品略做了一点非实质性的修改，比如，包装改变，或仅在外形上作些修改等等。

说明：日本根据桑拿浴房原理，经改良设计后，推出家庭桑拿浴袋，不出家门，就可以享受热腾腾的桑拿浴，倍受欢迎

全新产品的营销规划先期主要由三个部分组成：

第一，确定目标市场和目标市场定位，比较准确地估计出目标市场的规模和结构，描述目标市场的消费行为和特征。

第二，预测产品进入市场前几年的销售额、市场占有率、利润率等的变化趋势。

说明：水井坊酒通过启动新的包装，使得水井坊酒迎来了新的辉煌

第三，拟定新产品的价格，设计分销渠道和促销方式，对营销推广进行整体策划，并对第一年的市场营销费用作出预算。

第四，估计竞争者的进入时间以及变化状况，草拟对策。不过，一般来说，企业研制全新产品比较少，换代产品和改进产品通常会更多些。在对非全新产品进行营销规划时，首先就要对竞争状况有清晰的分析，然后，才能进行营销战略的规划，确定目标市场和明确市场定位，而后，才能在目标市场确定和市场定位明确的基础上进行营销推广全案策划。

下面，我们循着非全新产品的营销规划的步骤和脉络，分别来阐述营销规划所涉及的相关概念和方法。

二、产品的竞争战略

当一个新产品进入市场时，由于产品新，市场不了解，新产品生产企业首先要做的是教育市场，让市场了解新产品的功能。然而，很多时候，消费者的需要这时处于潜在状态，唤醒潜在需要并说服消费者试图尝试该产品的市场教育通常耗时很长，需要投入的宣传费用不

商品的诞生
Birth Of Goods

说明：Ziba公司设计的小巧直线型的厨房用具，与欧洲同类产品相竞争，Ziba凭着他的优良人性化设计，赢得那些挑剔消费者的喜爱

菲，企业要有足够的耐心和足够的实力打拼到被市场较大规模地认可，从而可以盈利才行。当新产品开始有利可图时，那些后来者就会紧紧跟上，来瓜分市场。

大多数的新产品是非全新产品，那么产品一出现就置身在一个竞争环境中，并改变着竞争格局。策划营销方案之前，了解竞争状况并确定竞争战略是不可或缺的关键一步。

1．竞争来源

（1）现有竞争者的威胁

如果，新产品是改良产品，那么原来产品的生产者就是现存竞争者。现存竞争者已有的品牌优势会成为进入者的障碍，而且，改良产品一旦出现，现存竞争者会立即作出反应，或出现更好的改良产品，或对原有产品降价，由此对进入者形成壁垒。

（2）潜在进入者的威胁

对于企业来讲，进入某市场的威胁的大小取决于当前的进入壁垒和进入者可能遇到的现有企业的反击。如果进入壁垒较高，比如，进入所需投入的资本较大；或退出的成本很高；或构建分销渠道较难；或存在难以突破的政策壁垒等等，那么，新进入者会较少。如新进入者预见进入会招致现存企业坚决的抵制和报复，一般进入者也会减少。

2．竞争的方式

（1）技术竞争

由于技术的升级换代，采用相对先进技术的产品对同类相对低技术的产品形成竞争。例如，DVD对于VCD来说就是较高技术对较低技术的竞争，目前市场上几乎已经完成了DVD对VCD的替代。

（2）同样市场定位

由于产品无差别化优势，导致几个生产同类型产品的企业在完全相同的市场中展开竞争。

（3）供应链竞争

某企业利用经济实力，在特定的一个时期，与主要构件供应商达成协议，收购这个时期绝大部分生产的构件，以达到阻断竞争对手供应链的目的，逼竞争对手退出。

（4）销售渠道竞争

终端产品的销售，渠道建设至关重要，分销渠道既广且深的企业是所有同行的强劲对手。

企业要在竞争日趋激烈的市场胜出，必须赢得市场优势，努力通过创新，做到"你无我有，你有我优，你优我廉，你廉我转"，即企业要抢在竞争对手之前研制开发并推出新产品；在竞争对手有某种产品时，企业以更优的品质、更好的服务满足市场需要；在竞争对手也有高品质产品时，企业要能以更低的价格提供给市场；在技术、质量、服务、成本等都使本企业无大的发展机会时，企业可以考虑转做别的新产品，在别的产品市场上寻找更好的机会。

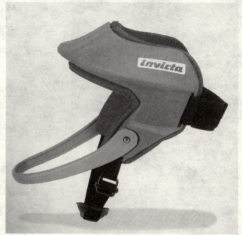

说明：invicta公司凭借超强的技术先导而研发的合成塑料，制成超级轻量头盔，受到广大滑雪爱好者的青睐。

三、产品的品牌策略

在新产品出来后，品牌战略应该在价格战略、渠道战略、促销战略等之前确定。品牌是产品整体概念的重要组成部分，在营销策略组合中居于张目之纲的重要性。品牌作为本产品区别于竞争对手产品的特性，为本产品或服务明确了独特个性。产品的市场定位、价格、渠道等营销要素应该具有内在的协调性，品牌个性确定了，价格、渠道和促销手段等战略才能在品牌个性的风格框架下设计。可见品牌在市场营销活动中发挥着十分重要的作用。

1．品牌概述

品牌，是商品生产经营者为使自己的产品与其他生产经营者相同或类似的产品相区别，而加在自己产品上或在经营活动中使用的特定标识。品牌的两个基本的组成部分是品牌名称和品牌的标志。品牌名称是品牌中可以有语言称谓的部分；品牌标志是品牌中不能

说明：品牌作为企业及其产品特定的形象标识，代表着企业对产品、质量、利益和服务的承诺

用语言称谓，只能通过人们的视觉或触觉加以辨识，使用图形加以表示的部分。

品牌作为企业及其产品的特定形象标识，代表着企业对交付给购买者的产品特征、质量、利益和服务的承诺。一种产品的品牌代表着一种特定的文化和格调，因此，一种产品的品牌还往往暗示着购买或使用该品牌产品的消费者类型。

企业进行品牌决策时，必须注意品牌代表的从产品的特性、质量，到服务、利益、文化、格调一整套的由浅至深含义的策划。

2．品牌来源

品牌可以自己设计建设，也可以通过租赁的方式付费使用别人的品牌，主要有以下四种可供选择的方案：

（1）**生产者决定使用自己的品牌**

生产者自己的品牌也称为制造商品牌、工业品牌。制造商品牌是品牌中最重要的一种，大多数生产企业都建设自己的品牌，有些生产企业还将自己有良好市场影响力的品牌、商标转让或特许他人使用，从中获得收益。

（2）**生产者决定使用经销商的品牌**

经销商的品牌也称为中间商品牌、商业品牌。传统上，品牌是生产者标志，因为产品的质量特性是由生产者决定的。随着市场竞争的发展，越来越多的经销商为了树立自己的形象，充分利用自己的商誉，增强自己的话语权，降低进货成本，提高市场竞争能力，都在着力发展和使用自己的品牌。

由于顾客对需要购买的商品并不都是内行，不具备充分的选购知识，因此在选择购买商品时除了以制造商品牌为选择的依据外，有时还以销售商品牌为选择的依据。一个生产企业是使用自己的品牌，还是使用经销商品牌应视具体情况而定。一般来说，如果生产企业具备良好的市场声誉，企业的实力较强，产品的市场占有率较高，那么使用自己的品牌比较明智；反之，则可以考虑采用经销商品牌，这样可以借用经销商良好的市场声誉及完善的销售系统推销自己的产品。比如，"耐克"运动品牌,与其说它是制造商品牌不如说它是经销商品牌更为贴切。因为,"耐克"品牌者从未制造过一双鞋子或一件运动装,他们除了产品设计和市场渠道建设外,只进行品牌建设和运营。全世界有很多企业专门为他们生产,这些企业没有自己的品牌。

(3) 生产者决定使用其他制造商的品牌

如果生产企业的市场声誉还没有建立起来,企业的实力较弱,产品的市场占有率较低,为了促进产品销售,提高市场占有率,也可以考虑使用其他制造商的品牌。生产者决定使用其他制造商的品牌,必须经对方允许并签订合同,并向许可人支付一定的费用,即品牌使用费,生产企业的产品质量要受许可人的监督,要达到许可人的要求。

(4) 生产者决定同时使用自己的品牌和他人的品牌

这种做法也称为双品牌策略。生产企业运用该策略主要是为了借用他人的强势品牌效应来带动自己的弱势品牌,一旦弱势品牌为市场接受,确立了较好的声誉后,就逐渐过渡到只使用生产企业自己的品牌。

3. 品牌家族

当生产者决定全部产品或大部分产品都使用自己的品牌后,还要决定这些产品是共同使用一个品牌,还是分别使用不同的品牌,这就是品牌家族的概念。可供选择的品牌家族策略主要有以下几种:

(1) 多品牌策略

多品牌策略,即不同产品使用不同的品牌。运用多品牌策略,可以清晰地区分不同产品的市场定位,自己生产的不同产品不会在市场上形成自我侵犯的格局。此外,由于不同的产品使用不同的品牌,企业的声誉不至于受到个别产品声誉不佳的影响,因而不致于波及到其他产品的声誉。然而这种策略使得品牌业务的工作量加大,品牌建设费用比较高。多品牌策略也包括不同大类产品采用不同品牌的情况,即不是每一种产品一种品牌,而是每一大类产品用同一种品牌。运用这种策略可以避免不同大类的产品相互混淆,又不至于品牌管理工作量过大,耗资过高。

(2) 单品牌策略

单品牌策略，即所有产品都统一使用一个品牌。当企业现有的品牌在市场上已经获得了一定的信誉，而且所生产经营的各种产品具有相同的质量水平时，就可以采用这一策略。采用这种策略可以节省品牌建设费用，也有利于利用顾客对老品牌的情感迁移，从而快速接受新产品，有利于消费者形成对企业新产品开发能力及企业实力的印象。采用单品牌策略时，要注意新产品的质量不得低于其他产品，否则将会给品牌信誉，以及其他产品造成不良影响，而当原有品牌尚未建立足够好的声誉之前，在推出新产品时不要使用这一品牌。

(3) 复合品牌策略

复合品牌策略分两类，一类是由企业名称与产品品牌复合构成，在企业对各不相同的产品项目或产品大类分别使用不同的品牌名称时，在各种产品品牌名称的前面加上企业的名称；一类是由产品主品牌和子品牌复合构成，即不同类产品都共有一个主品牌，而每一类产品又都有一个子品牌，在主品牌和子品牌之间通常用一小点间隔。复合品牌策略兼有单一品牌和多品牌的优点，又在一定程度上避免了它们各自的缺点。

4. 品牌定位

品牌定位要从两方面进行，一方面是从品牌形象角度定位，另一方面是从品牌市场角度定位。品牌形象定位是为了明确其产品要诉求的个性、风格或功能，比如里奥贝纳，在1954年，为"万宝路"香烟塑造了一个牛仔的形象，完成了"万宝路"的"变性手术"，成功地为万宝路确立了最有男人味的香烟的感性风格。而品牌市场定位则让人从中了解其代表着产品的价格和质量及其相关的服务。比如，"宝马"、"奔驰"就意味着昂贵和高质，密斯特·邦威就意味着尚可的质量和偏低的价格。形成品牌的形象个性和市场定位是很重要的，一旦品牌定位确定了，几乎就确定了消费对象，以及产品定价。

(1) 品牌形象定位

品牌形象定位是从品牌要占领消费者哪个独特的心智位置出发的。

好的品牌形象定位至少应该符合独特和定位与产品特性相协调这两个标准：

① 独特的品牌形象定位

独特的品牌形象定位即为你的产品承诺一个独特的销售主张，比如消费者想要去头屑，会自然想到用"海飞丝"；想要头发柔顺，会自然用"飘柔"，这是因为，这些产品刚进入中国市场就提出了独特的销售主张，消费者一用，果然发现产品兑现了承诺，于是产品深入人心，品牌赢得了先入为主的优势，使得后来者想要模仿，几乎无一成功。提出独特的销售主张之前发现市场的空白点是前提。"高露洁"进入中国公司之前，它的老板来到中国旅游，他去逛超市，发现"中华"也好，"两面针"也好，"黑妹"也好，都强调清新口气，消费者头脑里面有一个非常好的空白位置尚没有被占领，这个位置就是防止蛀牙。自1992年到现在，十多年来，"高露洁"永远是"我们的目标是没有蛀牙"。其实，在美国，这个主张是"佳洁士"的。可是，后来"佳洁士"想在中国用这个主张已经来不及，消费者只认"高露洁"了。

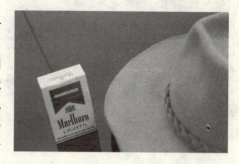

说明："万宝路"香烟塑造了牛仔形象，成功地确立了最有男人味的香烟的感性风格

② 品牌形象定位与产品特性的统一性

"奔驰"品牌强调"全世界无与伦比的工艺精良的汽车"的理念，那么，产品消费过程中要确实给消费者工艺精湛、昂贵耐用、安全性能绝佳、行驶速度快等感受。没有确实的产品特性的印证，就不可能赢得消费者的认可。品牌形象是不可能仅通过生产商的自吹自擂就能建立的。

说明：看到"飘柔"产品自然就想到"头发柔顺"的字样

(2) 品牌市场定位

品牌市场定位是从品牌要占领哪个消费者市场出发的，例如，是男的还是女的？是什么年龄段的？大约从事什么职业？崇尚什么理念和生活方式？收入状况如何？等等。

品牌形象定位与品牌市场定位两者共同构成品牌定位统一体。两者有差别，差别点表现在形象定位更强调产品给消费者带来的利益点和风格，市场定位更强调消费者群体特征，两者又有内在的一致性。比如，"奔驰"形象定位强调"全世界无与伦比的工艺精良的汽

商品的诞生
Birth Of Goods

说明：提起奔驰汽车，就会想到全世界无与伦比的工艺精良的汽车

车"，那么，它的市场定位就不可能是刚就业不久的年轻群体，而是有成就的高级管理群体和老板们了。

品牌市场定位要考虑市场容量、竞争状况、产品价格，以保证定位后的产品有可以盈利的基本销售额。

品牌定位是品牌内核的东西，品牌内核的东西需要有承载它的物质体，这个承载体就是品牌的名称和视觉标志。

四、产品的定价策略

品牌定位后，企业可以为产品确定价格了。不过，产品价格远远不是仅仅由品牌定位决定的。影响产品定价的原因是个复杂的系统。

1．影响价格的因素

影响企业定价的因素很多，这些因素相互交错地对定价发生着作用。

(1) 成本

成本费用以及与成本费用相关产品的销量、资金周转、利润水平等因素是确定定价底线时必须考虑的最基本因素。

(2) 市场可接受水平

定价超过市场可接受水平时，市场需求量会急剧萎缩。目标市场的购买力、需求的价格弹性、需求的收入弹性、效用感觉等因素将影响市场可接受水平。所以，企业定价必须考虑到这些因素。

(3) 竞争状况

企业定价时还要考虑替代品市场状况、需求的交叉弹性、竞争者的实力、竞争者的市场营销组合策略，以及竞争的基本态势等因素。竞争产品的价格差异很大程度地决定着一定市场容量下各企业的产品销售量和各企业的市场地位，改变着市场竞争的基本态势。因此，这些因素通常在企业决定价格最高限和最低限之间的具体水平值时发生重大的影响作用。

（4）品牌形象

企业定价必须与其品牌形象定位相一致。

（5）产品所处生命周期的阶段

产品处于生命周期的不同阶段，市场需求、竞争状况、外部环境、企业能力、营销目标等方面都存在着很大的差异，因此，产品处于不同阶段价格会有所调整。

（6）政治经济形势、国家政策、法律法规

有些产品的定价要受到国家的方针政策和法律、法规的约束，尤其是一些影响到国计民生的基础性商品。

2．定价策略

（1）新产品定价策略

① 撇脂定价策略

撇脂定价策略是指企业在新产品投放市场初期，利用专利权保护，竞争者尚未进入市场，人们具有逐新心理，再加之新产品具有一定的价格不可比性，以较高的价格激发市场，在尽可能短的时间里赚取较多利润。所以，撇脂定价也称之为高价厚利策略。这种策略有利于尽快收回前期投入的资金，也为产品进入成熟期和竞争加剧的时候降价留有余地。产品以高价上市，必须是能预计到该产品即使采取高价策略仍能有较大的市场规模；或者因高定价策略获得的利润足以补偿因高价造成市场规模缩小所带来的损失；或者新产品具有较高的技术含量；或者需要很大投入足以使竞争者难以迅速进入市场。

② 渗透定价策略

渗透定价策略是指企业在新产品投放市场时以低价入市，其目的是为了迅速达到较大的市场占有率，扩大生产规模，降低成本，谋求稳定的长远利益，同时，也让其他企业感到收益不大从而不愿参与竞争。渗透定价策略适用于产品的市场需求很大，并且市场规模随价格降低迅速扩大，生产成本与销售费用随销售的扩大会大幅度下降的产品。

③ 满意价格策略

这种定价策略是指企业把新产品的价格定得比较适中，介于撇脂定价和渗透定价之间的一种定价策略。取适中价格既能保证比较大的

说明："宝马"、"奔驰"就意味着昂贵和高质

需求市场规模，又能保证生产和各流通环节均有良好的利润率。

（2）系列定价策略

也称为分档定价，即把同系列的产品按照质量、性能、款式、成本、顾客认知、需求强度等方面特征确定不同的档次等级，以此分别定价，形成系列价格。系列产品定价策略的关键在于首先确定最低价格产品及其价格；其次，确定最高价格产品及其价格。最高价格产品在产品系列中充当品牌质量和收回投资的角色；再次，对产品系列中的其他产品依据其在产品系列中的角色分别制定不同的价格。

（3）选择品定价

许多企业在向市场提供主要产品的同时会附带一些可供选择的产品。选择品的价格水平应在综合考虑多方面因素后加以确定。例如，有的饭店酒价很高、菜价较低，目的在于通过菜价收入弥补原材料成本和饭店的其他成本，依靠酒类收入获取利润；有的饭店酒价较低、菜价较高，目的在于通过较低的酒价吸引爱饮酒的消费者，依靠菜价收入获取利润。

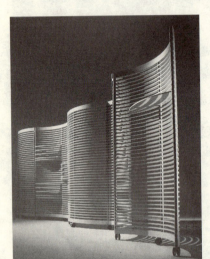

说明：同系列的产品按照质量、性能、款式、成本、顾客认知、需求强度等方面特征来确定不同的档次等级。该办公室家具，结合屏风和柜子的功能，蛇行般的优美弧度造型，节省了许多空间，它的价格自然是办公家具中的魁首

（4）补充产品定价

有些基本产品需要补充产品才能正常使用，如剃须刀架的补充产品是刀片，照相机的补充产品是胶卷，机械设备的补充产品是配件。补充产品定价的基本作法是，为基本产品制定较低的价格，为补充产品制定较高的价格，通过低价促进基本产品的销售，依靠补充产品的高价获取利润。

（5）组合产品定价

企业经常以某一价格出售一组产品，如企业为购买者提供的组合化妆品、组合洗涤用品、组合床上用品、组合食品、组合厨具等。组合产品定价时，一组产品的价格应低于单独购买产品项目的费用总和，以便推动顾客购买。

（6）分地区定价

分地区定价，可以灵活反映和处理运输、装卸、仓储、保险等多种商品流通费用在买卖双方如何分担的情况。分地区定价策略主要有以下几种：

① 原产地定价，即离岸价（FOB）。指卖方负责产品装运到原产地某种运输工具上交货，并承担此前一切风险和费用，由买主负责全部的运输费用和运输过程中的风险。这种定价策略常用于运输费用较高的商品。

② 区域定价。企业把销售市场划为几大块区域，不同区域不同定价，较远的区域定价较高。

③ 买主所在地定价，即到岸价（CIF）。卖方不论距买方路途远近，一律实行免费送货上门，并统一价格。这种定价策略适合运输费用较小的商品。

在实际经营过程中，某产品的价格并不是一旦确定就一成不变了，而是随着市场竞争状况的变化，产品营销策略的调整，产品所处的生命周期的不同阶段等因素而相应变动。每一次价格变动都会引起消费者和竞争对手的反应。如果某产品的价格变动不能引起市场或竞争对手的反应，说明价格变动幅度尚不足以引起人们的差别感觉，或者说明该产品已经引不起市场的兴趣，已经进入衰退期。

*说明：*这个欧洲生产的会议系统将互联网技术与会议室联系起来，为现代专业的工作场所提供了新的互动工作平台。它的产地价和世界其他区域的定价有较大区别

五、产品的分销渠道策略

分销渠道的设计，直接影响产品能否顺利地在适当的时间、适当的地点，以适当的价格供应给目标市场，以实现企业的营销目标。

1. 分销渠道概述

在现代经济条件下，大部分产品不是从生产商直接到最终消费者或用户的，而是要借助一系列中间商的转卖活动进行。产品在所有权转移过程中从生产领域进入消费领域的所有环节，构成了分销渠道。分销渠道的起点是生产商，终点是用户和消费者，中间是商流通路，由批发商、零售商、代理商、经纪人等构成。其中代理商、经纪人等并不拥有产品的所有权，但他们参与商品的交易活动。此外还有辅助商，如银行、保险公司、运输公司、仓储公司、咨询公司、广告公司、海关、商检等，不参与交易过程，不处于渠道中间，但对渠道成员的大量营销工作起着便利交换、提高分销效率的重要作用。

2. 分销渠道的基本类型

(1) 短渠道和长渠道

分销渠道的长度取决于商品在整个流通过程中经过的流通环节和中间层次的多少，经过的流通环节和中间层次越多分销渠道就越长，反之分销渠道就越短。

分销渠道长度决策的关键在于，企业选择的渠道类型应具有较高的分销效率和经营效益。一般情况是，在长渠道中商品分销的职能分散在多个市场营销机构的身上，在短渠道中商品分销的职能相对集中在少数市场营销机构。企业到底选择长的还是短的分销渠道，关键是要考虑自身条件和环境要求，权衡利弊得失，选择适合本企业和产品的渠道设计。

(2) 直接渠道和间接渠道

直接渠道是指生产者不经过任何中间环节，将产品直接销售给最终消费者或用户的分销渠道。直接渠道的优点是：销售及时，直面市场，便于回收市场反馈信息，便于维系老客户等。然而，直接渠道使企业必须承担销售所需的全部人力、物力和财力，在市场相对分散的情况下，将使企业背上沉重的负担，会给企业的生产经营活动带来不利影响。所以，直接渠道通常不作为终端产品的主要渠道设计，多用于产业用品销售的主要渠道。因为产业用品的用户集中，购买批次少，批量大，易于集中供货；而且生产企业必须与用户见面以了解他们的需要和具体要求，以便生产；加之多数产业用品的技术比较复杂，特别是那些高技术产品，需要厂家给予安装、维护、指导使用和培训人员等方面的协助。

间接渠道是指生产者通过若干中间环节，包括中间商、代理商、批发商、零售商等，把产品销售给最终消费者或用户的分销渠道。间接渠道的优点在于，中间商具有较丰富的市场营销知识和经验，与顾客保持着密切而广泛的联系，能够有效地促进商品的销售，弥补生产企业销售能力弱的缺陷，也有利于生产企业把人、财、物等资源集中用于发展生产，并且中间环节承担了采购、运输和销售的任务，起到了集中存储、平衡与扩散商品的作用，进而调节了生产与消费需求之间的商品数量、花色品种和等级方面的矛盾。间接渠道是消费品销售采用的主

说明：戴尔产品用直销的方式销售，其起点是生产商，利用其销售业务员到达分销渠道终点，这是最短的渠道设计

要渠道，有些产业用品，如次要设备、零配件等也经常使用这种渠道。

(3) 宽分销渠道和窄分销渠道

分销渠道的宽度，即分销渠道每个层次上使用同种类型中间商数目的多少。在分销渠道的每个层次上，使用同种类型的中间商数目越多分销渠道越宽，分销面广泛；反之分销渠道就比较窄，分销面狭窄。例如，某种产品的制造商在一个省份通过较多批发商、零售商将其产品销售给广大地区的消费者，这种产品的分销渠道就比较宽；某种产品的制造商一个省份仅授权给一家批发商独家经销其产品，这种分销渠道就比较窄。

一般来说，企业可采用的分销策略有以下三种：

① 广泛性分销渠道。即企业通过尽可能多的中间商和分销点来销售其产品，以求扩大市场覆盖面或快速进入并覆盖一个新市场。这种策略比较适合于日用品、低值易耗品等的销售。

② 选择式分销渠道。即企业在某一地区仅选择几个合适的中间商经销自己的产品。这种策略比较适合于耐用消费品、高档消费品、工业生产资料等的销售，一些新产品在试销阶段也适宜采用这种策略。

③ 独家分销渠道。即企业在某一地区只选择一个中间商经销自己的产品，双方通过签订经销合同来确定各自的权力与义务，以调动中间商的积极性，充分利用中间商的商誉和经营能力，有效地控制市场。这种策略比较适合于特殊品的销售，如专利产品、具有品牌优势的产品，面向专门用户的产品等。

(4) 分销渠道类型的发展趋势

随着商品经济的发展，分销渠道的类型发生了很大的变化。新型的分销渠道形式强调渠道成员在共同目标下的协调行动，提高整体运行效率和经营效益，从而增强环境适应力和市场竞争力。

新型的分销渠道主要有两大类型：

① 纵向联合分销渠道。这种渠道设计是分销渠道系统内的有关成员采取前向或后向一体化联合经营的方式，从而形成了纵向联合渠道系统。纵向联合分销渠道又可分为契约型的产销结合和紧密性的产销一体化。

契约型的产销结合是指制造商和其所选定的中间商以契约的形式来确定各自在实现同一分销目标基础上的责

说明：puma 公司采用契约型代理渠道进行产品的营销

权利关系和相互协调的行动原则。契约型的产销结合主要有特约经销、自愿连锁、厂店挂钩、批发代理等几种形式。

紧密型的产销一体化是指企业以延伸或兼并的方式建立起具有生产、批发和零售的全部功能的产销联合体，以实现对分销活动的全面控制。产销一体化可以通过制造企业自建销售系统，或与中间商共同投资或相互合并等方式建立。

② 横向联合分销渠道。这种渠道设计是分销渠道系统中同一层次上的若干制造商、批发商、零售商之间采取水平一体化联合经营的方式，从而形成了横向联合渠道系统。横向联合又可分为暂时的松散型联合和长期的固定型联合。横向联合可以集中成员企业在分销渠道和分销技术等方面的优势资源，扩大各成员企业的市场覆盖面、降低渠道建设成本，达到多赢的目的。

六、产品的促销策略

1. 促销和促销组合

促销，究其实质是将关于产品和与产品相关的信息作最有说服力的传达，以吸引目标消费者的眼球，并进而诱导、唤起需求，促使消费者最终采取购买行为的活动。

促销的核心是信息沟通。促销的对象是目标消费者及其对目标消费者的消费行为具有影响的群体。促销的目的是为了激发需求，引起购买行为。促销的手段是宣传与说服。促销的方式主要有广告、人员推销、销售促进、公共关系四种。其中，广告、销售促进、公共关系又称为非人员促销。各种促销方式各有其特点和优劣，在现代市场经济条件下，仅用其中一种促销方式是很难达成促销目标的，大量的促销实践中同时运用多种促销方式，形成最佳的促销组合。

2. 影响促销组合的因素

（1）促销目标

企业在不同时期及不同的市场环境下所期望达到的促销目的会有所不同。比如是为了促进销售，或者是为了树立良好的企业形象等，目的不同应该选择促销组合也不同。为了促进销售，促销组合应以广告和营业推广为主，为了树立形象，促销组合应侧重于公共关系与宣传报道。

(2) 产品类型

显然，终端消费品与产业用品的促销组合是有区别的。对终端消费品而言，因为大众消费者注重产品的知名度，而且需要广泛告知，所以广告是主要的促销手段，而对产业用品而言，使用者要在掌握大量专业信息的基础上进行选择，所以更多利用人员推销为主要促销工具。

(3) 产品所处的生命周期阶段

在产品处于不同的生命周期阶段，营销目标与促销目的不同，因而采用的组合策略也有所不同。就消费品而言，在进入期，广告与适量营业推广的配合能促进消费者认识、了解企业的产品。在成长期，社会互动影响方式开始产生明显效果，为了增进消费者的购买兴趣与品牌偏爱，进一步提高市场占有率，广告宣传的重点应从产品转向品牌。在成熟期，竞争对手日益增多，为了与竞争对手相抗衡，保持已有的市场占有率，企业应该增加促销费用。在衰退期，企业应尽量降低促销费用，采用营业推广并辅以维持性广告即可，宣传活动基本停止，人员推销也可减至最小规模，以保证一定的利润收入。

(4) 市场情况

企业目标市场特征不同应采取不同的促销组合。如产品市场规模大，市场类型多样，应以广告为主，辅以营业推广、公共关系活动效果较好。如目标市场狭窄而集中，则以人员推销方式为主，辅以广告、公共关系活动效果较好。

七、产品的广告策略

1．广告概念

广告是广告主支付一定的费用，通过特定的媒体，传播产品或劳务的信息，以促进销售为主要目的的活动。广告，尤其是通过大众传媒发布的广告，具有覆盖面广、可选形式多、承载信息量大、可对受众反复刺激等优点，已经成为有效实施营销的一个关键成分。

广告策略有产品策略、市场策略、媒介策略和广告实施策略等四

说明：在产品的市场进入期，广告与适量营业推广的配合能促进消费者认识产品。该时尚手表被美国闻名的 photoshows 杂志收集，它的第一种产品将会在今年底进入美国市场

项内容。产品策略和市场策略在前几章有所阐述,在本节主要介绍广告类型、媒体策略和广告预算。

2. 广告的类型

说明:布鲁塞尔的尿尿小童人尽皆知,但ABSOLUT的广告巧妙地将小童换成古铜酒瓶,而且也会喷水,令人莞尔

说明:以著名的雅典地标—神殿的一根柱子作为构想来源,并巧妙地将柱子改为ABSOLUT的瓶形,令人发思古之幽情

(1) 按目的分类的广告类型

① 产品广告:通过传递产品信息,使消费者了解商品的性能、用途、价格等情况,以唤起消费者对产品的需求,进而产生购买欲望。

② 品牌广告:以树立品牌形象为目的,在宣传中突出品牌产品的独特优势特点和销售主张,强调本品牌产品能给消费者带来的特殊利益,加深消费者对产品品牌的了解,对市场消费起到品牌导向的作用。有些品牌广告甚至只宣传品牌而不涉及产品信息。

③ 机构广告:推广某个行业、公司、机构、个人、地区或某政府部门的某个概念、理念和良好愿望等。通常经营性组织更多的是告知社会公众其发展历史和实力,或以组织的名义进行公益宣传,以便提高组织的声誉,在消费者心目中树立良好的组织形象。这种广告不以短期促销为目的,然而对组织的目标具有更长久的效果。

④ 分类广告:用简短的文字传递产品降价信息,或招聘、拍卖等临时性服务活动或某种比赛项目的信息。

(2) 按照诉求对象分类的广告类型

① 消费者广告:面向广大消费者的广告。

② 产业用品广告和商业批发广告:针对生产企业、商业批发企业或零售企业的广告。

③ 专业广告。针对教师、医生、律师、建筑师或会计师专业工作人员的广告。

3. 广告发布的媒体及其特点

(1) 视听广告媒体。包括广播广告、电视广告、互联网广告等。广播广告覆盖面广,传递迅速,展露频率高,成本低。但是广播广告稍纵即逝，保留性差，不宜查询，受频道限制，缺少选择性，吸引力与感染力较弱。电视广告覆盖面广，传播速度快，送达率高，集形、声、色、动态于一体，生动直观，易于接受，感染力强。但是电视广告展露瞬间即逝，保留性不强，对观众的选择性差，成本高。互联网广告作为信息技术发展的新广告媒体越来越被人们关注，其受众面迅速扩大，而且信息承载量大，展露频率高，成本低，表现力强。不过，对于没有上网可能性的人群不能产生作用。此外，网络大量的信息展露，使某条特定的信息抓住人们眼球的难度增加。

说明：百威啤酒的电视广告

（2）印刷媒体广告。包括报纸广告、杂志广告和其他印刷品广告等。报纸广告信息传递及时，刊登日期和版面的可选度较高，便于对广告内容进行较详细的说明，便于保存，制作简便，费用较低。但报纸广告时效短、转阅读者少，感染力较电视差。期刊广告易于送达特定的广告对象，时效长，转阅读者多，便于保存，印刷比较精美，有较强的感染力。但期刊广告信息传递的及时性差，发行量较少。

（3）户外广告媒体。包括路牌广告、招贴广告、霓虹灯、交通广告，以及活动现场广告等。户外媒体广告比较灵活、展露重复性强、成本低，但是户外广告到达目标受众的针对性低，信息容量小，传播受地点限制。

（4）售点广告媒体。包括企业在销售现场设置的橱窗广告、招牌广告、墙面广告、柜台广告、货架广告、售点实物展示等。售点广告现场性强，在消费者进入售点，能接触到产品信息对购买决策时是非常关键的，有研究发现，消费者进入商场有70%的购买是被售点现场激发的。所以，在销售现场能抓住眼球并辅之现场销售人员有技巧的劝服，能明显促进销售。

按照广告覆盖的范围，还可以把广告分成全国性媒体和区域性媒体。全国性媒体是指全国性报纸、杂志、电台、电视台等，其信息传达覆盖与影响面波及比较大。区域性媒体是指地方报纸、杂志、电台、电视台，其传播范围仅限于一定的区域内。互联网因为不受地域限制，

商品的诞生
Birth Of Goods

因而在不考虑语言限制的情况下，它是全球性的媒体，随着互联网的进一步发展和人们接触媒体的习惯改变，互联网作为广告媒体具有不可限量的潜力。

4．广告决策依据

企业到底选用那类广告，是视听广告，还是印刷广告，还是户外广告，或者别的广告，在什么时候发布、在什么地方发布等等决策之前，应该先回答下列几个问题：

（1）本广告的具体目标是什么？是为了让目标消费者了解新产品信息，还是为了进一步促进销售，还是为了提高企业知名度，或是为了树立品牌形象？

（2）希望广告被哪些受众看到，或听到，或感受到？

（3）目标消费群的购买动机是什么？

（4）目标消费群接触信息的方式是怎样的？他们更多的是接触什么媒体？在什么时候接触媒体？

（5）目标消费者在接受信息时会有什么禁忌吗？

（6）什么信息是这次广告中必须传达的？诉求什么利益点？以什么形式传达效果更好？

（7）这个信息在传达时间上有禁忌吗？比较合适的时间是什么时候？

（8）可以投入的广告预算多少？

当对上述问题有了明确的回答后，接下来的广告媒体策略、广告表现、广告效果预期等各个环节中就可以有的放矢地进行了。

5．广告预算

投入较低的广告费用达到预定的广告目标，进行合理的广告预算很重要。广告预算的方法比较常用的主要有以下几种：

（1）销售百分比法

销售百分比法，是企业按照销售额（一定时期的销售实绩或预

说明：充气扶手椅，采用热焊透明PVC材料，设计非常具有时尚感。谁是它的消费者呢？

计销售额）或单位产品售价的一定百分比来计算和决定广告开支。

（2）目标任务法

目标任务法，是根据广告目标确定必须进行的宣传幅度和深度，加上每一项宣传活动所需的各种费用，由此决定广告开支。

（3）竞争对比法

竞争对比法，是企业比照竞争者的广告开支来决定自己的广告预算。竞争对比广告预算有两种计算方式：

① 市场占有率对比法，计算公式为：

广告预算=竞争者广告费／竞争者市场占有率×本企业预期市场占有率

② 增减百分比法，计算公式为：

广告预算=竞争者上年度广告费×（1+竞争者广告费增长率）

说明：这个咖啡机采用涂有丙烯酸油漆的铝铸件，它的表面材质具有极强的太空感，造型简约大气。以上信息是应该在广告中必须诉求的利益点

6．广告效果测定

广告播出（刊登）费用非常昂贵，如果播出的广告效果不好，结果是很严重的。其一是资金浪费；其二是错过最佳的广告时间；其三是给消费者留下不良影响。所以，在广告大幅度播出之前，应该先试播，或在播出时间不长时就进行广告效果测定，以便在尚未造成大的损失之前就进行调整或修改。广告效果测定包括两个方面内容：

（1）广告的促销效果测定，即测定广告宣传对产品销售状况产生的影响，一般在广告播出之后进行。

（2）广告的传播效果测定，也就是既定的广告活动对购买者知识、感情与信念的影响程度，可以在广告播出之前或播出之后进行。

最后通过分析不同广告水平地区的销售记录，来测定广告活动的强度对企业销售的影响程度。

商品的诞生
Birth Of Goods

说明：通过广告效果测定，证实丝袜招贴广告的宣传投入对丝袜的销售产生了极大的推动作用

八、公共关系

1．公共关系概述

企业通过积极参与各项社会活动，宣传企业的经营宗旨，扩大企业的知名度，赢得社会各界的了解、好感、信任、合作和支持，以实现良好的公共关系状态，为企业的可持续发展营造广阔的空间。公共关系活动一般不以促成短期购买行为为目标，企业通过积极投身社会公益活动赢得社会公众对企业及其产品的认同感，通常对产品的促销具有更为长远和深刻的意义。

与产品广告不同，企业开展公共关系活动诉求的对象不单纯是企业产品的购买者，因为企业在其日常生产经营活动中，不仅与消费者和用户发生关系，还要与竞争对手、金融单位、供应商、经销商、政府部门、新闻界人士、企业所处的社区等等多方公众发生这样那样的联系和互动，这些关系的好坏会影响和制约企业的发展，它们是企业生存与发展的舆论环境和社会气候。所以，公共关系的对象是与企业生存环境相关的所有公众关系。

此外，要强调的是，企业良好的社会形象不是以某一次公共关系活动就能建立的，而是需要长期的、有计划的、持续不懈的努力，很多时候甚至要求企业放弃眼前利益，甘于付出，以建立、维护、调整和发展与公众之间的良好关系。

当前企业在伦理方面和环境方面正承受着越来越大的压力，公共关系能修复企业形象的功能被强化了，在国际上，很多企业的高层越来越多地卷入公共关系的活动之中，公共关系预算也有大幅增加的趋势。

2．公共关系活动形式

开展公共关系的方法归根到底就是沟通，具体而言，有下列几种形式：

（1）大众媒体宣传

企业通过向新闻媒体投稿，或召开记者招待会、新闻发布会、新产品信息发布会，或邀请记者写新闻通讯、人物专访、特写等，努力获得大众媒体的正面报道。因为大众传媒具有权威性，对社会公众有很大的影响力，而且传播面广，是树立企业形象非常重要的形式之一。

（2）参与各种社会公益活动

慈善救济、福利活动、积极支持希望工程、资助学术研究、支持义卖义演、开展环境保护工作、参与社区公益活动、参加各类赞助活动等等都是公益活动。通过这类活动的参与，企业具有社会责任感的良好形象通过媒体得到宣传，从而提高企业的声誉和知名度，赢得社会公众的信任和支持。

（3）举办各种专题活动

专题活动包括开业庆典、开工典礼、周年纪念、各类庆祝活动、大赛、向公众开放参观、提供工业旅游资源等。企业以各种专题活动为媒介与各界公众建立和增强联系，对外宣传企业。

（4）刊登公共关系广告

公共关系广告自上个世纪50年代被创造出来后有了很大的发展并被广泛应用。目前，主要的公共关系广告形式有：宣传企业经营宗旨的、介绍企业综合实力的、借宣传企业人物以凸现公司理念的、节假日庆贺的、祝贺社会重大成功事件的、向公众致意或道歉的、鸣谢的等等广告。公共关系广告与一般商业广告有很大不同，它不直接介绍企业的产品，其作用主要是塑造企业形象，或倡导某种思想，或弘扬某种正气，或为了澄清某个误解等等，进而获得公众的了解和支持。

（5）危机事件处理

企业在经营过程中难免会遇到一些危机事件，如不合格产品引起的事故、对企业不利的信息传播，以至造谣中伤、受到侵权、竞争对手的恶性排斥等等。这些事件的发生往往会使企业的信誉下降，产品销售额下跌。当这类事件发生时，公共关系人员应该迅速行动，协助有关部门查清原委并及时做好处理工作，如果事情影响面很广，需通过大众媒体的事实报道，扭转舆论局面，使企业遭受的损失减少到最低程度。

说明：MH公司开展环境保护工作、参与社区公益活动，通过媒体得到宣传，从而提高企业的声誉和知名度，赢得社会公众的信任和支持

说明：公关在企业广告中起的作用越来越大

3. 公共关系的活动程序

开展公共关系活动要经过调查、计划、实施等步骤。

（1）调查

公共关系调查是开展公共关系工作的基础和起点。通过调查，了解和掌握社会公众对企业决策与行为的意见，明确企业的知名度和美誉度的程度，从而确切明白企业的形象和地位，为企业制定公共关系计划提供科学的依据。

（2）计划

制定公关计划，要以公关调查为前提，依据一定的原则，来确定公关工作的目标，并根据企业的自身特点、不同发展阶段、不同的公众对象制定切实可行的和富有成效的工作计划和方案。公共关系计划包括公关目的、项目活动形式、媒体组合、时间安排、费用预算、效果测定等内容。

（3）实施

公共关系计划的实施，要重视细节的把握，尽量按照计划步骤实施，但是遇到好的公关线索，又要不拘泥于原有方案，把握机会，策划新的公关活动，并为此申请调拨专门的公关经费。为避免可能出现的情况，公共关系活动计划最好备有多套实施方案。

九、营销策划书编制

1. 营销策划书编制的原则

（1）逻辑思维原则

（2）简洁朴实原则

（3）可操作原则

(4)创意新颖原则

2．营销策划书的基本内容

(1) 封面
① 策划书的名称；
② 被策划的客户；
③ 策划机构或策划人的名称；
④ 策划完成日期及本策划适用时间。
(2) 策划书的正文部分主要包括
策划目的
要对本营销策划所要达到的目标、宗旨树立明确的观点，作为执行本策划的动力或强调其执行的意义所在，以要求全员统一思想，协调行动，共同努力保证策划高质量地完成。

企业营销上存在的问题主要包括以下六个方面：

① 企业开张伊始，没有完全的产品市场销售渠道，也没有一套系统营销方略，需要根据市场特点策划出一套行销计划。

② 企业发展壮大，企业产品向新的领域进军。产品市场销售渠道和原来已经有很大地变化。原有的营销方案已不适应新的形势，需要重新设计新的营销方案。

③ 企业改变经营方向，需要相应地调整行销策略。

④ 企业原营销方案严重失误，不能再作为企业的行销计划。

⑤ 市场行情发生变化，原经销方案已不适应变化后的市场。

⑥ 企业在总的营销方案下，需在不同的时段，根据市场的特征和行情变化，设计新的阶段性方案。

3．当前市场状况及市场前景分析
对同类产品市场状况、竞争状况及宏观环境要有一个清醒认识。这部分主要包括：

(1) 产品的现实市场及潜在市场状况。

(2) 市场成长状况，产品目前处于市场生命周期的哪一阶段上。相应营销策略效果怎样，需求变化对产品市场的影响。

(3) 消费者的接受性，需要策划者凭借已掌握的资料分析产品市场发展前景。

4．对产品市场影响因素进行分析

主要是对影响产品的不可控因素进行分析，如宏观环境、政治环境、居民经济条件，消费者收入水平、消费结构的变化、消费心理等。对一些受科技发展影响较大的产品，如计算机、家用电器等产品的营销策划中还需要考虑技术发展趋势方向的影响。

市场机会与问题分析：

营销方案，是对市场机会的把握和策略的运用，因此分析市场机会，就成了营销策划的关键。

① 针对产品目前营销现状进行问题分析。一般营销中存在的具体问题，表现为多方面：

a．企业知名度不高，形象不佳影响产品销售。

b．产品质量不过关，功能不全，被消费者冷落。

c．产品包装太差，提不起消费者的购买兴趣。

d．产品价格定位不当。

e．销售渠道不畅，或渠道选择有误，使销售受阻。

f．促销方式不对，消费者不了解企业产品。

g．售后保证缺乏，消费者购后顾虑多等都可以是营销中存在的问题。

② 针对产品特点分析优、劣势。从问题中找劣势予以克服，从优势中找机会，发掘其市场潜力。分析各目标市场或消费群特点进行市场细分，对不同的消费需求尽量予以满足，抓住主要消费群作为营销重点，找出与竞争对手差距，把握利用好市场机会。

5．营销目标

营销目标是在前面目的任务基础上公司所要实现的具体目标，即营销策划方案执行期间，经济效益目标达到：总销售量为×××万件，预计毛利×××万元，市场占有率实现××。

6．营销战略——具体行销方案

（1）以产品主要消费群体为产品的营销重点。

（2）产品策略：通过前面产品市场机会与问题分析，提出合理的产品策略建议。

① 产品定位：产品定位的关键主要在顾客心目中寻找一个空位，使产品迅速启动市场。

② 产品质量功能方案：产品质量就是产品的市场生命。企业对产品应有完善的质量保证体系。

③ 产品品牌：要形成一定知名度、美誉度，树立消费者心目中的知名品牌，必须有强烈的创品牌意识。

④ 产品包装：包装作为产品给消费者的第一印象，需要能迎合消费者使其满意的包装策略。

⑤ 产品服务：策划中要注意产品服务方式、服务质量的改善和提高。

7．价格策略

拉大批零差价，调动批发商、中间商积极性。给予适当数量折扣，鼓励多购。

8．销售渠道

产品目前销售渠道状况如何，对销售渠道的拓展有何计划。

9．产品的广告宣传

新产品的推出要服从公司整体营销宣传策略，树立产品形象，同时注重树立公司形象。

（1）长期化：广告宣传商品个性不宜变来变去，在一定时段上应推出一致的广告宣传。

(2) 广泛化：选择广告宣传媒体多样式化的同时，注重抓宣传效果好的方式。

(3) 不定期的配合阶段性的促销活动，掌握适当时机灵活地进行，如重大节假日，公司有纪念意义的活动等。

10．产品广告的媒体组合

广告媒介的组合；广告传播的时间、频率，以及时机选择；广告非媒介方式的表现形式及其策划、组合策略；能进行广告传播的媒介策划。

营销策划书的编制一般由以上几项内容构成。企业产品不同，营销目标不同，则所侧重的各项内容在编制上也可有详略取舍。

练习题目：

(1) 试着与营销专业的学生组成项目小组，共同为娃哈哈童装进行从品牌策略、定价策略，到促销组合方案的全部策略设计？

思考题目：

(1) 请为自己设计的产品进行品牌定位和市场定位。

(2) 有哪些主要的广告媒体及其他们各自的特点？

(3) 公共关系的目的是什么？公共关系活动主要有哪几种形式？

本章提示：
　　作为工业设计的在校学生和企业的产品开发者，以及开发的管理者，您了解下列问题吗？
　　一、什么是知识产权
　　二、知识产权保护的策略
　　三、专利有哪些种类和特点
　　四、授予专利权的条件
　　五、专利说明书的内容和书写方式
　　六、怎样查阅和使用中国专利文献

学习的目的和要求：
　　在现代社会里，世界范围内对知识产权的保护已经达到了较高的水平，保护知识产权已经成为一种国际间的共识。知识产权保护制度的一个重要作用就是要通过对智力成果的保护，加快科技、文化的普及与交流，以促进科学技术的高速发展。

商品的诞生
Birth Of Goods

第六章　产品设计与开发中需要知道的问题

一、什么是知识产权

知识产权是指公民、法人、或者其他组织在科技或文艺领域，对其创造性的智力成果依法享有的民事权利。知识产权是一种无形的财产权利。与物质财产相比，它是无形的，是在科技或文艺领域的创造性的智力成果。

说明：这是一个为方便老人骑乘而设计的三轮装置。两前轮共用避震系统，以及特殊的转向机构，让操控性更佳；同时，整车稳定性高，即使转弯时大角度倾斜也不易翻倒。除骑乘外，亦可在机场、展场或工厂等地装载货物用，折叠后体积轻巧便于携带。这个产品很多部分都申请了不同种类的专利

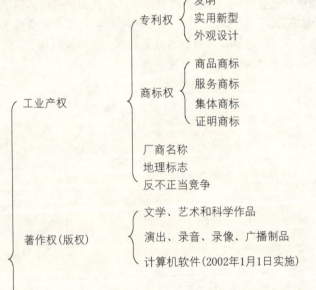

知识产权具有专有性、时间性、地域性。

时间性和地域性是指在规定的时间或地点,权利人享有知识产权。

知识产权具有创造性和公开性。创造性是指知识产品不可能是现有产品的简单重复,而必须有所创新、有所突破。公开性是指知识产品必须向社会公示、公布,使公众知悉。

说明:这是一个瓦莱设计的热塑ABS树脂石英叶片台钟,是一个数字钟,由Solari公司生产,该公司在五十年代获得了前所未有的"叶片"科技专利

二、知识产权保护的策略

1.专利权保护

专利权的保护是一个广义的概念,它的核心是指专利申请人或专利权人对自己的发明创造的排他独占权。专利申请授权后,专利权肯定受到保护。但专利申请自申请日起至授权前,权利也受到保护,只是程度不同,表现形式也不同。

以发明专利申请为例,自申请日起至该申请公布前,这时申请处于保密阶段。这一阶段对其权利的保护表现在对该发明专利申请后同样主题的申请因与其相抵触而将丧失新颖性,不能授予专利权。自该申请公布至其授予专利权前这一阶段是"临时保护"阶段。在这期间,申请人虽然不能对未经其允许实施其发明的人提起诉讼,予以禁止,但可以要求其支付适当的使用费。如果对方拒绝付费,申请人也只好在获得专利权之后才能行使诉讼的权利。这一阶段申请人只有有限的独占权。

2.商标权保护

商标权的保护是指以法律手段制裁侵犯他人注册商标专用权的行为,以保护商标权人对其注册商标所享有的专有权利。保护注册商标专用权是健全商标法制的中心环节。

注册商标专用权的侵权:

未经商标注册人的许可,在同一种商品或者类似商品上使用与其注册商标相同或者近似的商标的,将与他人注册商标相同或近似的文字、图形作为商品名称或者商品装潢使用,并足以造成误认的,属于侵权。在世界市场竞争日益激烈的今天，商标尤其是驰名商标所起的作用与日俱增。对消费者而言，驰名商标意味着优良的商品品质和较高的企业信誉；对驰名商标所有人而言，驰名商标意味着广泛的市场占有率和超常的创利能力。正是由于这一原因，驰名商标比普通商标更易招致假冒、不正当竞争等行为的损害。

说明：这是一个注册商标侵权的例子。知名运动品牌"卡帕"及其仿冒标志

3. 商业秘密权保护

商业秘密是指不为公众所知悉、能为权利人带来经济利益、具有实用性并经权利人采取保密措施的技术信息和经营信息。采取保密措施的经营信息即经营秘密，指未公开的与生产经营销售活动有关的经营方法、管理方法、产销战略、货源情报、客户名单等专有知识。采取保密措施的技术信息即技术秘密，指未公开的与产品生产和制造有关的技术诀窍、生产方案、工艺流程、化学配方等专有知识。

由此可见，商业秘密是一种技术信息与经营信息，其中的技术信息就包含未申请专利的科技成果。

构成商业秘密应具备三个基本条件

① 新颖性：这是商业秘密区别于一般知识经验、技巧的重要特征。

② 价值性：主要表现为商业价值性，是指信息因其秘密性而在市场竞争中具有现实或潜在的竞争优势，它能给拥有者带来经济利益或竞争优势。

③ 保密性：这种秘密性要求商业秘密拥有者首先应有保守商业秘密的愿望，同时采取相应的措施进行保密。

商业秘密的保护是一项非常重要而又复杂的工作,在我国的商业秘密保护法没有颁布之前,企业应当利用现有的法律、法规的规定,根据产品设计与开发者、产品设计机构和自身的情况制定相应的保密制度和措施,以尽最大程度保护自身的商业秘密。

4．著作权保护

著作权亦称版权,是指作者对其创作的文学、艺术和科学技术作品所享有的专有权利。

（1）著作权是否需要登记？

著作权无须登记。作品一旦完成,无论出版与否,作者都享有著作权。作品登记采取自愿原则,著作权人可以自主决定是否办理著作权登记手续。

（2）著作权主要包括哪些权利？

著作权包括人身权和财产权。

1) 人身权又称精神权利,具体包括：

① 发表权：即决定作品是否公之于众的权利。

② 署名权：即表明作者身份,在作品上署名的权利。

③ 修改权：即修改或者授权他人修改作品的权利。

④ 保护作品完整权：即保护作品不受歪曲、篡改的权利。

2) 财产权又称经济权利,包括：

① 复制权：即以印刷、复印、拓印、录音、录像、翻录、翻拍等方式将作品制作一份或者多份的权利。

② 发行权：即以出售或者赠与方式向公众提供作品的原件或者复制件的权利。

③ 出租权：即有偿许可他人临时使用电影作品和以类似摄制电影的方法创作的作品、计算机软件的权利,计算机软件不是出租的主要标的的除外。

④ 展览权：即公开陈列美术作品、摄影作品的原件或者复制件的权利。

说明：周杰伦对他的专辑《D调的华丽》享有人身权和财产权

商品的诞生
Birth Of Goods

⑤ 表演权：即公开表演作品，以及用各种手段公开播送作品表演的权利。

⑥ 放映权：即通过放映机、幻灯机等技术设备公开再现美术、摄影、电影和以类似摄制电影的方法创作的作品等的权利。

⑦ 广播权：即以无线方式公开广播或者传播作品，以有线传播或者转播的方式向公众传播广播的作品，以及通过扩音器或者其他传送符号、声音、图像的类似工具向公众传播广播的作品的权利。

⑧ 信息网络传播权：即以有线或者无线方式向公众提供作品，使公众可以在其个人选定的时间和地点获得作品的权利。

⑨ 摄制权：即以摄制电影或者以类似摄制电影的方法将作品固定在载体上的权利。

⑩ 改编权：即改变作品，创作出具有独创性的新作品的权利。

⑪ 翻译权：即将作品从一种语言文字转换成另一种语言文字的权利。

⑫ 汇编权：即将作品或者作品的片段通过选择或者编排，汇集成新作品的权利。

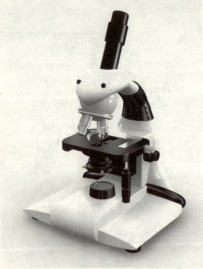

说明：显微镜竞赛作品，自从作品完成起，设计者就享有该作品的著作权

⑬ 应当由著作权人享有的其他权利。

（3）哪些作品属于著作权法的保护对象？哪些不属于著作权法的保护对象？

① 受著作权法保护的作品
  a. 文字作品。
  b. 口述作品。
  c. 音乐、戏剧、曲艺、舞蹈作品。
  d. 美术、摄影作品。
  e. 电影、电视、录像作品。
  f. 工程设计、产品设计图纸及其说明。
  g. 地图、示意图等图形作品。
  h. 计算机软件。
  i. 法律、行政法规规定的其他作品。

② 不受著作权法保护的作品
  a. 依法禁止出版的作品。

b. 法律、法规、法院判决、政府、国家机关的正式文件及其译文。
  c. 时事新闻。
  d. 历法、数表、通用表件和公式。

（4）著作权的保护期

① 公民创作的作品，发表权、使用权与获得报酬权的保护期为作者终生及其死亡后50年。

② 法人或者非法人单位的作品，其发表权、使用权和获得报酬权的保护期为50年。如果作品自创作完成之后50年内未发表的，不再受著作权法保护。

③ 电影、电视、录像和摄影作品的发表权、使用权与获得报酬权的保护期为50年。如果作品创作完成之后50年内没有发表，不再受著作权法保护。

（5）侵犯著作权的行为有哪些？

① 未经著作权人许可发表其作品。

② 未经合作者许可，将与他人合作的作品当作自己单独创作的作品发表。

③ 没有参加创作，为谋取个人名利，在他人作品上署名。

④ 歪曲、篡改他人作品。

⑤ 除了法律另有规定外，未经著作权人许可，以表演、播放、展览、发行、摄制电影、电视、录像或者改编、翻译、注释、编辑等方式使用作品。

⑥ 使用他人作品，未按规定支付报酬。

⑦ 剽窃、抄袭他人作品。

⑧ 未经著作人许可，以营利为目的，复制发行其作品。

⑨ 制作、出售假冒他人署名的美术作品。

⑩ 其他侵犯著作权，以及与著作权有关的权益的行为。

（6）著作权如何合理使用？

合理使用是指为了扩大作品的广泛传播，在著作权法规定的某些情况下使用作品时，可以不经著作权人许可，不向其支付报酬，但应当指明作者姓名、作品名称，并且不得侵犯著作权人依照著作权法享有的其他权利。这是法律规定的对著作权的一种限制情况。著作权法

说明：美术馆、博物馆等为陈列或者保存版本的需要，复制本馆收藏的作品属于著作权的"合理利用"

规定的"合理使用"包括以下几种情形：

① 为个人学习、研究或者欣赏，使用他人已经发表的作品。

② 为介绍、评论某一作品或者说明某一问题，在作品中适当引用他人已经发表的作品。

③ 为报道时事新闻，在报纸、期刊、广播电台、电视台等媒体中不可避免地再现或者引用已经发表的作品。

④ 报纸、期刊、广播电台、电视台等媒体刊登或者播放其他报纸、期刊、广播电台、电视台等媒体已经发表的关于政治、经济、宗教问题的时事性文章，但作者声明不许刊登、播放的除外。

⑤ 报纸、期刊、广播电台、电视台等媒体刊登或者播放在公众集会上发表的讲话，但作者声明不许刊登、播放的除外。

⑥ 为学校课堂教学或者科学研究，翻译或者少量复制已经发表的作品，供教学或者科研使用，但不得出版发行。

⑦ 国家机关为执行公务在合理范围内使用已经发表的作品。

⑧ 图书馆、档案馆、纪念馆、博物馆、美术馆等为陈列或者保存版本的需要，复制本馆收藏的作品。

⑨ 免费表演已经发表的作品，该表演未向公众收取费用，也未向表演者支付报酬。

⑩ 对设置或者陈列在室外公共场所的艺术作品进行临摹、绘画、摄影、录像。

⑪ 将中国公民、法人或者其他组织已经发表的，以汉语言文字创作的作品翻译成少数民族语言文字作品在国内出版发行。

⑫ 将已经发表的作品改成盲文出版。

三、专利有哪些种类和特点

专利一词经常出现在我们的日常生活中，它通常有三种不同的含义：

第一，是指专利权。所谓专利权，就是指专利权人在法律规定的期限内，对其发明创造享有的独占权。需要注意的是，专利权不是在完成发明创造时自然而然产生的，而是需要申请人按照法律规定的手续进行申请，并经国务院专利行政部门审批后才能获得的。

第二，是指取得专利权的发明创造。如"这项技术是我的专利"这句话中的"专利"就是指被授予专利权的技术。

第三，是指专利文献。是指各个国家专利局出版发行的专利公报和专利说明书，以及有关部门出版的专利文献。记载着发明的详细内容和受法律保护的技术范围的法律文件。我们所说的"专利检索"就

说明：步行椅让下半身残障者也能体验快速行驶的乐趣，采用前轮驱动亦可变速，除了手摇方式操作外，亦可采用电力控制。另外，踏板加装防撞功能，整车可折收。该设计申报3多项专利

是指查阅专利文献。

1. 专利的种类

根据我国专利法的规定，专利共有三种，即发明专利、实用新型专利、外观设计专利。其中，发明专利是其最主要的一种。

发明，是指利用自然规律对某一特定问题提出的技术解决方案。发明不同于发现，发明是制造的产品或提出的生产方法是前所未有的，或是对原有的产品、生产方法的改进；发现则是揭示自然界已经存在但尚未被人们所认识的事物。发现不能取得专利，只有发明才能取得专利。

2. 专利的特点

专利同其他知识产权一样，具有三大特点：独占性、地域性、时间性。

商品的诞生
Birth Of Goods

说明：该车名为鹅，为其整体造型之构想来源。特殊的传动系统及踩踏方式，让骑乘者训练大腿及臀部肌肉，同时可避免膝盖的运动伤害。另一特点为刹车隐藏于把手内，采用转动方式来操作。该设计多处申报多项专利

(1) 独占性

是指对同一内容的发明创造，国家只授予一项专利权。被授予专利权的人享有独占权利，未经专利权人许可，任何单位或个人都不得以生产经营为目的制造、使用、许诺销售、销售、进口其专利产品，或者使用其专利方法。

(2) 地域性

即空间限制性。是指一个国家或地区授予的专利权，仅在该国或该地区才有效，在其他国家或地区没有任何法律约束力。因此，一件发明若要在许多国家或地区得到法律保护，必须分别在这些国家或地区申请专利。

(3) 时间性

是指专利权有一定的期限。各国专利法对专利权的有效保护期限都有自己的规定，计算保护期限的起始时间也各不相同。我国《专利法》第四十二条规定：发明专利权的期限为20年，实用新型专利权和外观设计专利权的期限为10年，均自申请日起计算。专利权超过法定期限或因故提前失效，任何人可自由使用。

3. 什么是发明专利

我国《专利法实施细则》第二条第一款对发明的定义是："发明是指对产品、方法或者其改进所提出的新的技术方案。"所谓产品是指工业上能够制造的各种新制品，包括有一定形状和结构的固体、液体、气体之类的物品。所谓方法是指对原料进行加工，制成各种产品的方法。发明专利并不要求它是经过实践证明可以直接应用于工业生产的技术成果，它可以是一项解决技术问题的方案或是一种构思，工业上应用的可能性，但这也不能将这种技术方案或构思与单纯地提出课题、设想相混同，因单纯地课题、设想不具备工业上应用的可能性。只对符合专利法规定的各种条件的发明授予专利。这些条件中最主要的是新颖性、创造性和实用性。取得专利的发明可以分为产品发明（如机器、

仪器、设备、用具）和方法发明（制造方法）两大类。对这两类发明授予的专利分别称为产品专利和方法专利。

4．什么是实用新型专利

是指对产品的形状、构造或其结合提出的适于实用的新方案。实用新型专利对新颖性和申请文件等方面的要求基本上和发明专利相同，但在其他方面却有着重要的区别。首先，发明专利既保护产品发明，也保护方法发明，而实用新型专利只保护具备一定形状的物品发明。方法发明以及没有一定形状的液体、粉末、材料等方面的发明不属于实用新型专利的保护范围；其次，实用新型专利对创造性的要求较低；第三，由于它的保护对象是适于实用的新方案，所以，它对实用性的要求比发明专利稍高一些。因此，关于日用品、机械、电器等方面的有形物品的小发明，比较适用于申请实用新型专利。

实用新型的技术方案更注重实用性。

说明：1926年发电机获得发明专利

5．什么是外观设计专利

我国《专利法实施细则》第二条第三款对外观设计的定义是："外观设计是指对产品的形状、图案、色彩所作出的富有美感并适于工业上应用的新设计。"外观设计与发明、实用新型有着明显的区别，外观设计注重的是设计人对一项产品的外观所作出的富于艺术性、具有美感的创造，但这种具有艺术性的创造，不是单纯的工艺品，它必须具有能够为产业上所应用的实用性。外观设计专利实质上是保护美术思想的，而发明专利和实用新型专利保护的是技术思想；虽然外观设计和实用新型与产品的形状有关，但两者的目的却不相同，前者的目的在于使产品形状产生美感，而后者的目的在于使具有形态的产品能够解决某一技术问题。

授予外观设计专利的主要条件是新颖性。例如一把雨伞，若它的

说明：该款西门子0度生物保鲜冰箱的宽门设计获得欧洲工业设计IF大奖，并申报了宽门设计专利

形状、图案、色彩相当美观，那么应申请外观设计专利，如果雨伞的伞柄、伞骨、伞头结构设计精简合理，可以节省材料又有耐用的功能，那么应申请实用新型专利。

四、授予专利权的条件

1．什么是前提条件

发明创造不违反国家法律、社会公德或者妨碍公共利益。（例如赌博用具、盗窃工具、伪造货币、身份证的方法是不能申请专利的）发明创造属于《专利法》的保护范围。

对下列各项，不授予专利权：

（1）科学发现（例如金刚石的发现是不能授予专利的，但人工制造金刚石的方法可以授予专利）。

（2）智力活动的规则和方法（例如计算方法、公式、定理、游戏方法、经营管理、销售方法）。

（3）疾病的诊断和治疗方法（但用于疾病诊断和治疗的仪器、工具、药品等可在工业上制造，可以授予专利权）。

（4）动物和植物品种（但可以受到《植物新品种保护条例》的保护）。

（5）用原子核变换方法获得的物质。

说明：科健K308成为国内首款受外观专利保护的手机外观专利

2．什么是形式条件

《专利法》第二十六条规定："申请发明或实用新型专利的，应当提交请求书、说明书、摘要和权利要求书等文件，必要时应当提交附图；申请外观设计专利的，应当提交请求书，以及该外观设计的图片或者照片等文件，并且应当写明使用该外观设计的产品及其所属的类别。"申请人所提交的各类申请文件必须齐全，而且在形式上要符合专利法及其实施细则的要求，否则就会影响专利申请在法律上的效力。

3．什么是实质条件

（1）发明与实用新型的实质条件

我国《专利法》第二十二条第一款规定："授予专利权的发明与实用新型，应当具备新颖性、创造性和实用性。"

第六章 产品设计与开发中需要知道的问题

① 新颖性

是指一项发明前所未有。绝大多数的国家以专利申请日或优先权日作为确定新颖性的时间标准,少数国家,例如美国,则以发明日作为确定新颖性的时间标准。我国《专利法》第二十二条第二款规定:"新颖性是指在申请日以前没有同样的发明或者实用新型在国内外出版物上未公开发表过、在国内未公开使用过或者以其他方式为公众所知,也没有同样的发明或者实用新型由他人向国务院专利行政部门提出过申请并且记载在申请日以后公布的专利申请文件中。"在定义中可看出:我国以申请日作为确定新颖性的时间标准,以在申请日以前在世界范围内未被公知,在申请国内未被公用作为确定新颖性的地域范围标准。

判断一项发明或实用新型是否具备新颖性,是把它与任何一项最接近的已有技术进行比较后所作出的结论,而不是把它与已有的多项技术结合起来进行比较后所作出的结论,即采用单独对比的原则。

说明: 字母壶造型圆润可爱,两个壶巧妙地变成一个上下层的新造型,上壶亦可当泡茶壶,该设计在申请日以前没有同样的发明或者实用新型在国内外出版物上公开发表过,故具有新颖性

② 创造性

发明或者实用新型要获得专利权,必须具备创造性。创造性也称为先进性或非显而易见性。它是指申请的发明或者实用新型与现有的技术相比,具有本质上的的差异。这种差异对所属技术领域的普通技术人员来说是非显而易见的。根据专利法的规定,一项发明创造的创造性必须满足下面两个条件:

a. 同申请日以前的已有技术相比有突出的实质性特点。

b. 同申请日以前的已有技术相比有显著进步。

下列几种类型的发明,人们认为具备创造性:

a. 首创性发明(例如电视机、发电机的发明,水力发电的方法)。

b. 解决某个技术领域的难题的发明(例如非典疫苗或药物的发明)。

c. 取得预料不到的技术效果的发明。

d. 克服了技术偏见的发明。

③ 实用性

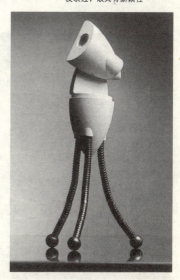

说明: 为视频会议所设计的桌面型摄像头,获得LG1999国际设计大赛大奖,它申报了实用新型专利,具有显而易见的创造性

131

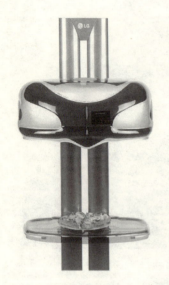

说明：为数码厨师。它的设计与制造将会大大改变人们的生活，带来烹饪的新概念

我国《专利法》第二十二条第四款规定："实用性是指该发明或者实用新型能够制造或者使用，并且能够产生积极效果。"《专利法》中所述的"产生积极效果"是指发明创造实施后，在经济、技术和社会效果方面，表现出有益结果。

（2）外观设计的实质条件

我国《专利法》第二十三条规定："授予专利权的外观设计，应当同申请日以前在国内外出版物上公开发表过或者在国内公开使用过的外观设计不相同或相近似，并不得与他人在先取得的合法权益相冲突。这说明外观设计的实质性条件是新颖性。需注意的是，在判断某一项外观设计的相似性时，除了要与已公开的外观设计相比较外，还应该考虑相关的著作权和商标权是否与其相近似，以避免与他人在先取得的合法权益相冲突。

五、专利说明书的内容和书写方式

依据我国《专利法》第五十六条规定："发明或者实用新型专利权保护范围以其权利要求的内容为准，说明书及附图可以用于解释权利要求；外观设计专利权保护范围以表示在图片中的该外观设计产品为准。"（在判断侵权时，主要依据就是别人实施的行为是否在你专利保护范围内。所以在申请专利时权利要求书的书写最关键，要求保护范围最大，别人又不易模仿。）

1. 专利说明书包括哪些内容

专利说明书是专利文献的主体，其主要作用，一方面是公开技术信息；另一方面是限定专利权的范围。用户在检索专利文献时，最终要得到的就是这种全文出版的专利文件。

中国的专利说明书采用国际上通用的专利文献编排方式，即每一件说明书单行本依次由说明书扉页、权利要求书、说明书和附图所组成。扉页上包括发明名称、申请人、专利权人、申请号、公开（公告）号、分类号等全部著录项目和摘要及附图，要求优先权的还要有优先权申请日、申请号和申请国。自1993年开始，根据修改后

说明：该饮水机具有水温控制旋钮，具有创新性，因而申请了温控旋钮的专利

第六章 产品设计与开发中需要知道的问题

的专利法的规定,发明专利自申请日起满18个月,对外即行公布,出版发明专利申请公开说明书单行本,在实质审查合格授予发明专利权后,出版发明专利说明书。对初步审查合格的实用新型专利申请和外观设计专利申请,在授予专利权后,公告出版实用新型专利说明书。外观设计专利仅在专利公报上进行公告。

2. 书写说明书应当注意的问题

说明书是申请专利的重要的法律文书,当事人申请发明或者实用新专利应当提交说明书,说明应当说明的事项,说明书一式两份。说明书应当注意的问题是:

(1) 发明或者实用新型专利说明书,除发明或者实用新型的性质需要用其他方式和顺序说明以外,应按下列顺序填写:

发明或者实用新型名称应与请求书中的名称一致;发明或者实用新型所属的技术领域;就申请人所知,写明对发明或者实用新型的理解、检索、审查有参考作用的现有技术,并且引证反映该技术的文件;发明或者实用新型的目的;清楚完整地写明发明或者实用新型的内容,以所属技术领域的普通专业人员能够实现为准;发明或者实用新型与现有技术相比所具有的优点或者积极的效果;如有附图,应当有图示说明;详细叙述申请人认为实现发明或实用新型的最好方式,但不得有商业宣传用语。

(2) 说明书应当打字或者印刷,字迹整洁清楚,黑色,符合制版要求,不得涂改。字高在0.3~0.4cm之间,行距在0.3~0.4cm之间。四周须留有空白,左侧和顶部各留2.5cm,右侧和底部各留1.5cm。

(3) 说明书首页内容如果多写不下,可用白纸续写。续页必须与首页大小、质量相一致,横向书写,只限于使用正面,反面不得使用,四周应留有空白。发明或者实用新型名称居中,名称与正文之间空一行。邮寄申请文件不得折叠。

说明:EASY 的方向由后轮控制,舒适的座椅适用于各年龄层的男女,尤其让老人和女人容易上下车。它具有新颖性和创新性,被授予多项实用新型专利

六、怎样查阅和使用中国专利文献

中国专利局文献馆的中国专利馆内,收藏了几百万件专利文献。

商品的诞生
Birth Of Goods

我们要从这浩瀚的信息海洋里找到自己所需要的信息，该从哪里入手呢？《中国专利索引》是检索专利文献的一种十分有效的工具书。该索引1997年以前出版了《分类年度索引》和《申请人、专利权人年度索引》两种。《分类年度索引》是按照国际专利分类或国际外观设计分类的顺序进行编排的；《申请人、专利权人年度索引》是按申请人或专利权人姓名或译名的汉语拼音字母顺序进行编排的。两种索引都按发明专利、实用新型专利和外观设计专利分编成三个部分。1997年开始出版改为三种。在保持原来两种不变的基础上，增加《申请号、专利号索引》，这是以申请号数字顺序进行编排，并且改为每季度出版一次，从而缩短了出版周期，更加方便了用户。

当我们知道分类号、申请人名、申请号或专利号时，就可以它们为入口，从索引中查出公开（公告）号，根据公开（公告）号就可以查到专利说明书，从而了解某项专利的全部技术内容和要求保护的权利范围。若要了解该专利的法律状态，可以通过索引查出它所刊登公报的卷期号。如果想了解某一技术领域的现有技术状况，或者说，既不知道申请人，又不知道专利号，但又想了解自己所从事的发明创造项目的专利技术状况，可以根据该项目所属技术领域或者关键词，去查阅国际专利分类表，确定其分类号，从分类索引中的专利号、申请人所申请的专利名称，进一步查阅其专利说明书。

随着中国专利文献CD-ROM光盘出版物的诞生，通过计算机从光盘中检索专利文献，既省时又省力。专利文献出版社出版的《中国专利数据库光盘》记录了1985年实施专利法以来的中国专利文献。

练习题目：

(1) 对你所了解的一种产品查阅中国专利文献来了解它的知识产权的保护范围？

(2) 以一个已经过期的专利中所包含的概念进行产品的设计与开发？

思考题目：

以一个你将要设计的产品为例进行思考，如何利用中国专利文献和世界其他国家的专利文献来进行设计参考？

本章提示：

作为工业设计的在校学生和企业的产品开发者，以及开发的管理者，您了解下列问题吗？

一、产品设计与开发课题要求
二、产品设计与开发中易出现的问题
三、设计报告主要内容详解
四、适合本课程的设计开发的课题题目

学习目的与要求

通过本章的学习，了解产品设计与开发的课题要求及适合作业的题目，知道设计报告的详细内容，以及在设计开发中容易出现的问题，以便在开发活动中能够准确判断。

商品的诞生
Birth Of Goods

第七章　课题要求和题目

一、产品设计与开发课题要求

1. 通过市场调查发现设计中存在的的问题和潜在的机会点，促使学生发现产品设计的突破点，产生设计课题，（例如：通过对牙科医疗台、牙科医疗器械、各类妇科床、妇科座椅、手术室所需器械、一般医疗器械，家庭生活使用的日常用品、厨房使用的日常用品、无障碍设施、工作、休闲、娱乐、交通、旅游使用的用品和各种工具……等进行市场调查）并作出市场调查报告。

2. 确定设计方案和工程化可行性并将确定后的设计方案，用三维设计效果图表达。

3. 培养学生的模型制作水平，制作相应的模型。可以按设计的阶段分步骤完成，主要包括：概念草模、油泥模型、工程ABS板模型，以及模型的表面处理工艺。

4. 作出该产品的营销策划计划书。

5. 完成设计报告：

设计报告内容主要包括：立项说明、市场调查报告、设计构思草图若干、方案的构想说明、设计综合评价、最终方案的三维设计效果图、色彩计划方案、产品的人机分析数据、产品的成本核算和定价原则、产品的技术支持点、设计要点的细节图、最终方案的外观尺寸三视图、内外尺寸装配图、结构工程图、模型、营销策划书、产品的评价和设计总结等。

二、产品设计与开发中易出现的问题

无论产品设计得有多好，也无论创新技术有多高超，在这些设计和技术商品化之前，它们既创造不了效益也不能带给市场惊喜。它们只能价值深锁，待字闺中，随时间消蚀，最终价值荡然无存。中国与美国、日本、欧洲相比，设计和技术的商品化率平均大约要低30%～50%。这意味着，我国用于产品设计和技术创新的大量投入最终沦为沉默成本，很多收不回投入，更别谈创造效益了。设计和技术的商品化率低，原因不外乎以下几种：

1．缺少以消费者为中心的生活形态研究和开发，在产品设计与开发中没有准确发现市场的需求点。将产品设计与开发变成教室中闭门造车的产物。

2．缺乏设计思想，对产品的使用没有经验以及设计意识不够。

3．对产品设计与开发的认识仅仅停留在"能用计算机出方案，画效果图"的阶段。比较缺乏制造工业方面的常识，只考虑效果图的制作和表现的漂亮，而不考虑产品的结构，更不考虑商品化的过程。效果图和模型是为了表现而表现。作设计只是纸上谈兵画效果图，闭门造车作模型。

4．缺乏技术经验，遇到了"技术屏障"和"可行性"问题，因而设计思路不能发展下去。

5．文理科分割现象较严重，学生的知识结构向一方倾斜，以文科考试进入艺术院校的学生大都因教学管理上惯性的作用，得不到良好的工艺与技术训练，比较缺乏产品制造工艺、材料等知识；工科院校招生的工业设计专业，虽然在综合性大学的教学内容中列有文科的课程，但都因教学管理上的惯性作用，多浮于表面和侧重于本专业的技能培养，导致学生的创造力得不到发展，或者是解决综合、复杂的实际问题的能力低下。

6．缺少市场导向的设计创想

设计者由于其自身知识结构的特点，习惯以外形、功能为导向进行最初的设计创想。因为缺少设计前期的市场研究，最终形成的产品设计不容易被市场接受，无法向规模生产阶段发展。

7．设计者存在明显的自恋情结，在设计过程中全然不考虑消费者使用和需求，一味强调设计者自己的风格，经不起市场的检验。

导致上述问题存在的关键原因，是设计师缺乏市场专业知识，市场敏感性较差，因而难以形成产品设计的整体思路。

三、设计报告主要内容详解

设计报告，是以文字、分析表格、表现图、照片等形式，完整反映设计过程的综合性报告，是一个阶段的设计工作的总结，也是提供设计决策的重要文件。根据不同的设计，这类设计报告的繁简也大不一样。一般应该包括下列几个方面：

1．立项说明

说明该设计委托或立项的理由，构思立意的原因，以及设计要达到的目的等内容。

2．设计调查

主要包括对市场现有同类、相关产品、国内外同类或相关产品的生产状况，以及销售、需求状况进行的调查，以得到尽可能详尽而准确的报告。这类的调查对于企业进行设计和生产决策是极为重要的参照依据。调查的结果可以用文字、表格、图表和照片等形式表示。

3．设计资料收集与分析

主要包括设计所选择材料的分析对比；设计对象使用功能上的分析；设计对象结构分析；操作使用状态分析；使用寿命及损耗分析；同类产品专利限制分析等等。这一类的分析尽可能准确，合乎逻辑，并用简洁的形式表达出来，通常可以用图表加文字说明的形式来表示。

4．设计构思和设计说明

（1）设计构思

就是将设计的构思过程用形象的方式表达出来。一般以草图、模型与文字说明的形式来进行。构思的过程也反映了一个设计师逻辑思维的过程，因此要求将构思过程中发现问题与解决问题的过程表述完整，这个过程中也应当将设计构思中不足的方面作客观的表述，以便作出正确的判断。设计师的构思是一个需要反复进行，不断发展的过程，在这个过程中经常需要以图形的方式捕捉和记录瞬间即逝的构思，用草图的方式表达这种构思过程是一个设计师最基本的工作能力要求之一。

（2）设计说明

产品的设计说明是指在产品的概念设计完成后，在图形传达的基础上，所使用的文字表达手段。设计说明传达了图形所不能传达的资讯，是图形传达资讯以外的另一种传达资讯形式。设计说明是为了高度概括表达设计思想。

5．设计综合评价

正确的设计评价应当在客观分析设计构思的各种可能性，是对设计方案的发展可能性作出客观预见的基础上作出的。

设计构想评价指的是在设计的初步阶段，对设计师的构想所进行的评价。根据不同种类产品设计的特点，构想评价的项目也有所不同，一般有这样几个方面。

（1）构想所具有的独创性和新颖性，选择的方案是否代表了所有参与设计的人员最有创意的构想？

（2）构想是否具有经济价值，是否具有潜在市场？

（3）实施生产的时间、资金、设备、技术及生产工艺等条件是否具备实施构想的可能性？

（4）构想的产品是否与本企业的发展战略相符或相近？

（5）构想的实现是否有申请专利的可能性？

（6）该产品的构想与社会伦理和公众习俗是否一致？

6．设计方案的三维设计效果图

它是利用透视学的原理，将有构思和结构的产品设计方案，在二维平面上，虚拟描绘出具有三维立体效果的产品效果来。

7．色彩计划方案

与视觉相关的产品形式中包含着三大要素：形、色、质。色彩是一门复杂的学问，也是一个促使人们不断探索的课题。在人的视觉、听觉、触觉、嗅觉、味觉中，以视觉为大。色的重要性要大于形态和质感。当然色与形态、质感是不可分割的整体，甚至相互依存，但色的作用是不可取代的。因为色彩相对于形态和材质，更趋于感性化，它的象征作用和对于人们情感上的影响力，远大于形态和质感。

8. 产品的人机分析数据

产品设计就是最终将产品与人的关系形态化。即产品的效能只有通过人的使用才能发挥，而人能否适应产品，并正确、有效地使用产品，这就要取决于产品本身是否匹配人的身体和需求，这种产品与使用者之间相互依存和制约的关系，往往就体现在产品的具体形态之中。要研究、分析、解决这种人机关系，以使得产品实现人机之间的最佳匹配关系。

9. 产品的成本核算和定价原则

产品的成本核算：在产品设计与开发的过程中间发生的、企业为生产一定种类、一定数量的产品所支出的各种生产费用之和，即为产品的成本核算。

具有自主产权创新的产品设计与开发，使得新产品能够迅速启动市场。因为新产品有专利权保护，而且竞争者尚未进入市场，所以利用人们的求新心理，新产品具有一定的价格不可比性，新产品的定价原则适合高定价策略。以较高的价格激发市场，以使企业在较短时间里赚取较多利润，有利于尽快收回投入资金，也为调整价格留有余地。

10. 产品的技术支持点

指在产品设计与开发的过程中间，所使用的有关技术的背景、技术的现状、以及新产品所使用技术商品化的成熟程度等等。

11. 设计要点的细节图

是在产品设计与开发过程中对设计要点的细节，以及接点的研究和表达。

12. 最终方案的外观尺寸三视图

一般是在产品设计与开发的过程中，为新产品最后投入批量生产或制作样品而绘制外观精确的制作工程图。这类图的绘制必须严格按照国家标准的制图规范进行，一般的设计制图按照正投影法绘制出包括新产品的主视图、俯视图和左视图（或右视图）的三视图。

13. 内外尺寸装配图

是为了更加直观地表现产品内部构造和外部造型及装配关系，通过剖面展开产品的关键部位的结构、材料，或表现产品工作的原理。

14. 结构工程图

亦称为"爆炸图"。是为了表现产品设计部件的组合，分解程序。结构工程图的形式是按设计部件组合的顺序将各部分的部件逐一表现出来。

15. 模型

运用各种材料制成的草模、精致模型、透明模型、剖面模型及测试模型等，是设计比较形象化的表达手段。

不同的设计对象，或在不同的设计阶段，对模型制作的要求也不同。一般在设计过程中为了便于分析、研究产品的形态、修改构思方案等而易于加工制作的石膏、塑料，木材等材料，制作不同比例的模型。这类模型的制作要求较低，材料也简单。但为表现设计最后结果的模型，通常是用耐久性的材料，按照实物等比例制作，细节也尽可能地详尽、真实。用于模型制作的材料有各种塑料，如 ABS 塑料，有机玻璃、石膏、木材等。

16. 产品的评价和设计总结

产品的评价是对已经完成的产品设计与开发后，对新产品具体和深入的设计评价。作为产品的设计评价一般有这样几点：

（1）技术性能指标的评价。包括适用性、可靠性、有效性、适应性和合理性等方面。

（2）经济指标的评价。产品的经济指标包括产品成本的四个方面，即研制费用、一般管理费用、生产费用和销售费用，再加上收益指标（如成本降低额、使用费用节约额、年利润收入额等）。从经济性的角度来评价设计，只有那些有充分把握可达到经济和资金均可行的方案，才是优秀的设计。

（3）美学价值指标的评价。指从产品设计的美观程度来评价设计，主要包括产品的造型、色彩、肌理等方面。

（4）其他评价指标。主要指产品的社会效益。

产品的评价可以采取量化的图表、评分等方法进行。只有经过较完整的评价过程，才可能较准确地反映出设计的真实性。

本课程以学生实践为主，大约应占80%学时。

四、适合本课程的设计开发的课题题目

1. 常规课题题目

（1）居家家具和办公家具的产品设计与开发；

（2）通信和信息产品的设计与开发；

（3）公共设施的产品设计与开发；

（4）医疗器械的产品设计与开发；

（5）无障碍产品的设计与开发；

（6）各种工具的设计与开发；

（7）机器的设计与开发；

（8）日用品的设计与开发；

（9）各种家用电器的设计与开发。

2. 综合课题题目

A. 景观以及设施设计的课题题目

（1）都市公共设施的产品设计与开发（停车场、公共厕所、加油站、商业网点等）；

（2）信息多媒体指示系统产品的设计与开发；

（3）文教设施产品的设计与开发（幼儿园、中小学、大中专院校）；

（4）城乡社区总体营造的设计。

B. 适合本课程的健康福利设施设计开发的课题题目

（1）老人公寓的规划和设施产品的设计与开发；

（2）通用设计（无障碍）系统设计与开发研究；

(3) 家庭健康管理系统的设计与开发。

　　C. 适合本课程的旅游景点的规划与旅游纪念品的设计与开发的课题题目
　　(1) 旅游景点的规划与研究；
　　(2) 旅游纪念品的设计与开发；
　　(3) 礼品的设计与开发。

　　D. 适合本课程的地方传统产业的设计振兴研究的课题题目
　　(1) 继承与发展的研究
　　　　　　——传统产业的发掘、整理和在现代生活中的应用设计与开发研究；
　　(2) 继承与创新的研究
　　　　　　——高科技在传统产业中的应用设计与开发研究；
　　(3) 继承与创新的研究
　　　　　　——传统产业的技术、材料、工艺在新领域的开拓设计与开发。

　　E. 课题题目
　　(1) 高质量少物质生活方式的研究及设计与开发；
　　(2) SOHO 生活方式的研究及产品的设计与开发；
　　(3) 流动生活及生活设施系统研究（船、车辆、蒙古包等）的设计与开发；
　　(4) 流动产业设施开发设计研究（流动图书馆、流动的医院、流动商业等）。

　　F. 适合本课程的新商品的规划与再生资源的研究的课题题目
　　废弃物品的再生资源化的设计与开发研究。

　　G. 适合本课程的未知空间研究的课题题目
　　(1) 宇宙空间及设施的设计与开发研究；
　　(2) 水上（河、湖、海等）空间及设施的设计与开发研究；

(3) 地下空间及设施的设计与开发研究。

H. 学生通过调查自己进行命题

练习题目：

运用大系统化设计的概念，对自己熟悉的日用品进行新产品设计开发。

思考题目：

(1) 想一想去年上市的某一个新产品开发失败的例子，思考一下为什么这些新产品没有成功？

(2) 学生新产品创新失败的原因有哪些？

第八章　产品设计与开发案例

方太套装厨具的研发

一、产品立项

一个成功的商品在其概念形成到成功上市，并为消费者所接受，需要一个完整的产品研发体系，产品的立项，是成功商品的概念源泉。

一般情况下，产品的立项都是由生产厂家首先根据市场需求而提出的。生产厂家在分析自身品质及竞争对手在市场中的产品趋势及潜在需求后，提出一个产品概念模型，再将模型经专家讨论后，输出给设计部门，并由设计部门再进行针对性的市场调研，从而将模型特征清晰化，并通过图的形式，表达给专家组，再经过论证，才能得以实现。

方太公司的套装厨具产品成功面市，也同样经历了这样一个过程。在2001年，方太公司已经成为中国极具代表性的专业厨具品牌。在他的产品在市场上已形成一定影响力的同时，对新产品的研发也必须具有自己的特色。他们经过分析总结，在产品的形式、价格、定位等方面提出了新的概念：

1. 在保持原有产品独特性、创新性的同时，在功能及材料上有创新。
2. 价格为1500~2500元间的中档产品。
3. 目标市场为一级市场。

二、概念形成

套装厨具不但要有形态上的创新，而且要在功能和材料上具有独特性和创新性，方太公司将这个套装厨具概念输出给项目组。

三、项目组组成及职能

1. 项目组组成

PDT经理：由厂家资深工程师兼任。管理项目进程及项目统筹规划；

设计代表：主要负责产品市场调研，外形设计，概念输出；
市场代表：主要负责市场信息采集及产品上市策划；
工艺代表：主要负责产品工艺的合理性；
结构代表：主要负责产品结构的可行性；
供应部代表：主要负责产品标准件，外切件的状况；
销售代表：主要负责产品销售前景评估；
财务代表：主要负责产品成本估算。

2．职能

(1) 项目组成员内部研讨；
(2) 针对项目立项研讨会内容；
(3) 设计开发计划；
(4) 确定市场调研的要点；
(5) 进行产品设计与开发工作。

四、关于油烟机的市场调查

1．市场调研问卷设计

(1) 油烟机及其他厨具市场调查总表

① 品牌

② 款式、颜色

③ 吸烟效果、滴油

④ 噪音、拆洗、碰头、厨房面积

⑤ 油烟机与厨房装修的和谐度、厂家服务、燃气灶样式、使用消毒柜

⑥ 消毒柜样式、橱柜制作、烹调方式

⑦ 最喜欢的油烟机及其他厨具

⑧ 价格

⑨ 安装高度、使用年限、同时购买油烟机和燃气灶

(2) 购买款式统计表

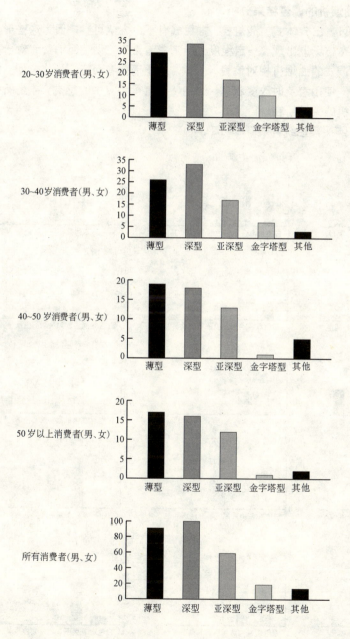

商品的诞生
Birth Of Goods

购买颜色调查结果分析

(1) 北方消费者所购买的油烟机都以灰、黑色系为主。原因有两个，一是厂家推出的油烟机大多是灰黑色系；二是油烟机本身的使用和缺点决定了灰黑色是比较合适的颜色。

(2) 从彩色面板油烟机的购买比例来看，彩色油烟机的被接受程度还是比较高的，还有待继续发展。

2．油烟机的调查结果分析

可看出分体式、翻盖式、抽拉式有不少人认可，是因为这些形式已经在市场上出现，一定程度上给消费者带来方便。而消费者对于高度可调式的油烟机相对偏爱，所以，对于消费者而言，操作方便，能对不同使用者及时改变状态，达到使用者得心应手的感觉，才是新型油烟机的关键所在。

购买颜色统计表

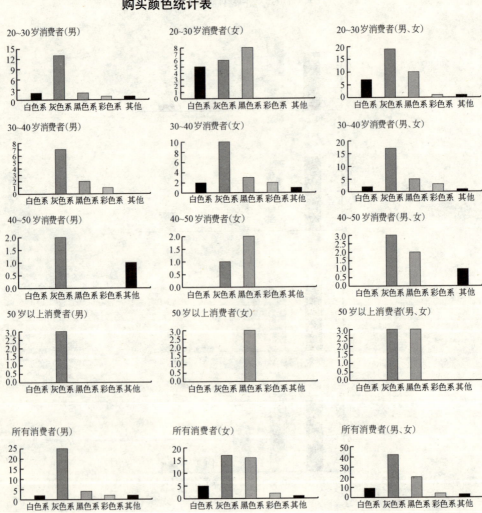

3. 目标消费者喜欢颜色调查结果分析

对油烟机色彩的偏好，与消费者的年龄差别非常有关。从调查中显示，各年龄段消费者对于灰、黑色的偏好始终很多，体现了各种消费者对机器色的偏爱。但年龄的差别对产品色彩喜好差别明显。

透过从20～30岁被调查者喜欢颜色来看，多彩、多材质、表面效果已有很强上升趋势，这与我们这个多元化、个性化时代是相通的。

4. 目标消费者厨房面积调查结果分析：

现有厨房面积都比较小，但随着人们生活水平的提高，厨房面积将会越来越大，这对油烟机发展将是一个好现象，厨房面积增大，装修相应档次提高，油烟机换代将更频繁，有利于我们设计更丰富多彩的产品。

5. 理想安装高度调查结果分析

男性消费者对安装高度适应在1.7m左右，而女性消费者对油烟机的安装高度侧偏重于1.6～1.7m之间。按照高度女性比男性相对偏低，但对于家庭而言，油烟机的安装高度不可以低于1.6m。所以高度可调的油烟机是未来发展的趋势。

6. 家庭烹调方式调查结果分析

调查中显示，几乎所有家庭都有炒菜习惯，体现了中国家庭特有的饮食习惯，而且各年龄价段的人看法完全一致。因此，中国人的饮食方式相当长的一段时期之间不会随着西方饮食文化的传入而改变。

7. 价格定位调查结果分析

从调查结果分析，女姓消费者选择的价位相对男性消费者偏高，而随着年龄的增长，选择价位的水平是不断下降的。

灶具、油烟机的购买同时性调查统计表

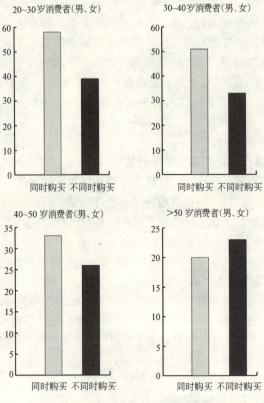

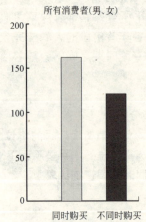

8. 购买同时性调查结果分析

有上表可以得出,除了50岁以上消费者,因为一些所处时代的原因,大部分没有同时购买灶具和油烟机,因为现在的购房装修等问题的出现,在装修完毕之后,人们大多同时购买灶具和油烟机,因此,灶具和油烟机的和谐是逐渐体现出来的又一大问题,很值得重视。

9. 家庭装修状况调查结果分析

根据实际调查结果,现代家庭厨房装修多数家庭包括各个年龄的消费者,大多喜欢自己自行做厨房厨柜,只有少数家庭是专业订做或是其他形式制作,体现了现代家庭在厨房装修中的自主风格。

10. 装修协调调查结果分析

认为协调性一般的消费者比认为和谐的消费者数量多。年轻人中对于和谐的要求比较高,而老年人相对来说要低一些。但是,产品的发展需要向前看,年轻人需求往往会引导消费。因此厨具与装修的协调性是新产品开发的一大重点。值得重视的是,目前的一些可换面板、彩色面板。隐藏式的油烟机的出现已经在协调性上迈进了一个台阶。

五、研发方向及方案设计

1. 根据市场调研结果,结合产品立项内容,可确定此次新产品的研发方向:

(1) 套装产品成为潜在市场重点;

(2) 油烟机高度可调,塔型机为主;

(3) 灶具以嵌入式为主;

(4) 整体产品与厨房的协调性要好;

(5) 消毒柜为新兴产品,下柜嵌入式消毒柜也在成为厨房产品的一部分。

商品的诞生
Birth Of Goods

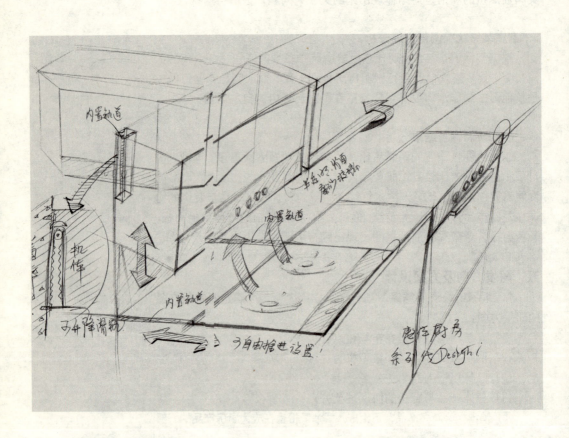

草图设计方案一：
① 油烟机上下可调节
② 炉具前后可调节，内置风道
③ 通过控制部分将三个产品符号系列化

第八章 产品设计与开发案例

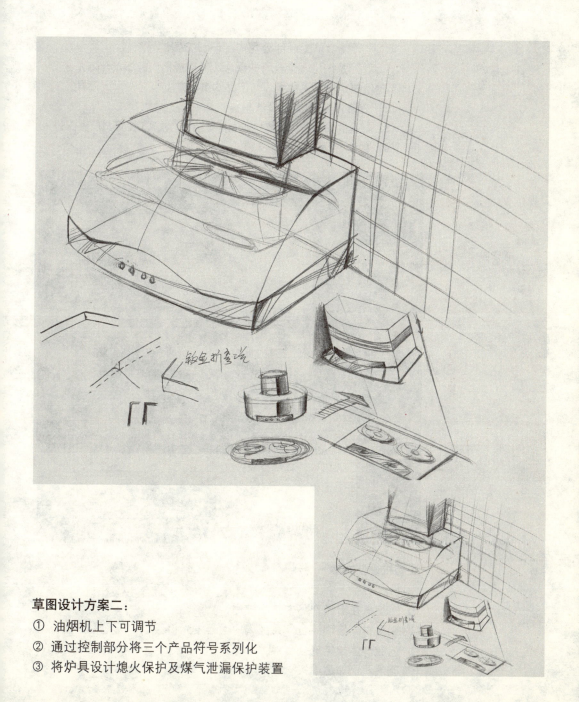

草图设计方案二：
① 油烟机上下可调节
② 通过控制部分将三个产品符号系列化
③ 将炉具设计熄火保护及煤气泄漏保护装置

2. 根据概念草图设计公司内部研讨方案的可行性

(1) 升降系统是一个较新的概念,值得提倡。但加入升降系统后与产品的价格定位出入很大,与产品的市场定位也存在很大差异。

(2) 套装厨具应作为设计重点。

(3) 灶具的滑动结构及煤气泄漏报警装置较难实现,可与厂家探讨。

(4) 建议完善效果图。

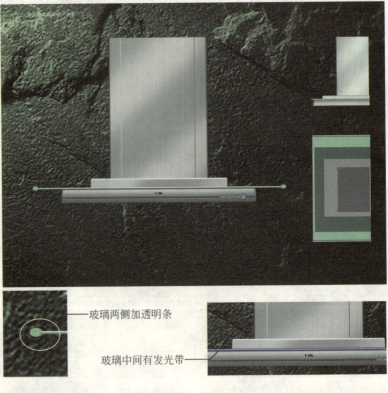

油烟机设计方案一

设计说明:

① 铝型材在厨具产品中首次应用。

② 铝型材与玻璃结合,且玻璃中间有发光带。

③ 内腔一体拉伸成型。

④ 玻璃两侧加透明条。

第八章 产品设计与开发案例

铝合金端盖由铸铝件镀铬成形

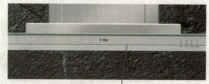
铝合金拉伸成型

油烟机设计方案二
设计说明：
① 铝型材在厨具产品中首次应用。
② 铝型材与玻璃结合，且玻璃中间有发光带。
③ 内腔一体拉伸成型。
④ 玻璃两侧加透明条。
⑤ 铝合金端盖由铸铝件镀铬成型。

商品的诞生
Birth Of Goods

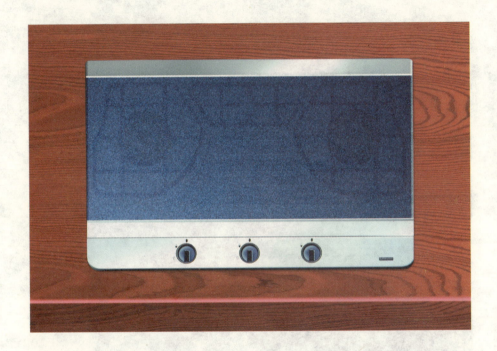

炉具设计方案
设计说明：
① 玻璃罩与铝型材结合，即简洁又体现套装厨具概念，且玻璃罩起到阻挡油烟与墙体的直接接触。
② 灶面用不锈钢拉伸成型，表面拉丝。
③ 锅支架采用铸铁。

第八章 产品设计与开发案例

消毒柜设计方案一

设计说明：

① 材料以铝型材与玻璃为主，与套装厨具相得益彰。

② 隐藏式拉手打破旧有拉手概念

③ 玻璃表面丝印成黑色，且表面镀防紫外线膜，机器在非工作状态时为黑色，在工作状态透出蓝光。

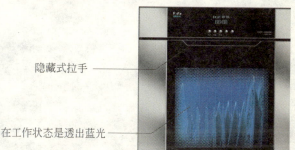

隐藏式拉手

在工作状态是透出蓝光

消毒柜设计方案二

设计理念：

① 材料以不锈钢为主。

② 小视窗可以观察机器工作状态。

消毒柜设计方案三

设计理念：

① 材料以亚克力与玻璃为主。

② 玻璃表面丝印成黑色，且表面镀防紫外线膜，机器在非工作状态时为黑色，在工作状态下透出蓝光的。

套装厨具效果图

油烟机设计

消毒柜设计

炉具设计

3. 设计效果图完成后，项目组对套装厨具进行研讨评价。

设计评价：

油烟机方案二工艺较易实现，建议去掉玻璃两边的透明塑料的装配件。炉具方案一较为合适，且与油烟机的统一性较好。

消毒柜方案一设计上有突破。

关于套装厨具工艺研讨思路如下：

油烟机主要工艺方式：

（1）主要采用铝型材成型工艺。

（2）玻璃为全钢化玻璃。

消毒柜主要工艺方式：

（1）主要采用数控折弯及不锈钢焊接，铝型材成型工艺。

（2）控制部分按键外圈采用塑料注塑成型，键帽注塑成型在表面镀铬。

（3）玻璃为全钢化度防紫外线膜玻璃，并采用丝网印图案。

炉具主要工艺方式：

（1）主要采用不锈钢拉伸成型工艺。

（2）面罩采用铝型材成型工艺。

4．模型行动

方案确认后，首先须用泡沫材料做一个体量草模，其目的是为检验设计方案的等比体量感，然后作一些细部调整。

商品的诞生
Birth Of Goods

体量草模完成，就进入模型样机阶段。

模型样机主要由 ABS 塑料来代替板金，采用氯仿黏结方式。

其主要步骤是：

(1) 1:1 图纸放样，将等比图纸按 ABS 材料的厚度、连接方式进行详细的图纸核算。根据结构尺寸的不同进行适当的放量调整。

(2) 按图纸对 ABS 板材下料。要做一个部件下一个部件的料，以免造成混乱。

(3) 根据图纸进行黏结，晾干后要再复核一遍尺寸。

第八章 产品设计与开发案例

样机基本完成后要进行初步装配，装配完成后，进行喷漆前的准备工作。将样机进行打磨，刮腻，为保证效果，刮腻要先刮一层，最后用原子灰进行细部填充。这样晾干后就可进行喷漆了。

喷漆时要先喷一层灰底漆，干后，再用原子灰填充打磨，直至产品表面光洁。再喷色漆，色漆干后再罩一层清漆，喷漆完毕，干后就可进行装配了。

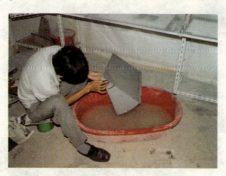

商品的诞生
Birth Of Goods

模型阶段总结：不同的设计对象，或在不同的设计阶段，对模型制作的要求也不同，一般在设计过程中为了便于分析、研究产品的形态，修改构思方案等而用易于加工制作的石膏、塑料，木材等材料，制作不同比例的模型，这类模型的制作要求较低，材料也简单。但为表现设计最后结果的模型，通常是用耐久性的材料，按照实物等比例制作，细节也尽可能地详尽、真实。用于模型制作的材料有各种塑料，如 ABS 塑料、有机玻璃、石膏、木材等。

模型小解：运用各种材料制成的草模、精致模型、透明模型、剖面模型及测试模型等，是设计比较形象化的表达手段。

六、批量生产前的准备

在模型完成后，画出详细的二维图纸，并进行各种专利的申请，此时，开始开模工作。在模具完成后进行样机组装，再调整模具，就可进行小批量生产。检验设计中存在的问题及不足之处，进行设计修改，将现行设计中存在的问题修改完成后，开始批量生产，并上市销售。

七、产品整合设计的执行程序

1．产品开发市场研究；
2．产品创意概念策略提炼；
3．产品外观造型设计；
4．产品品牌形象系统设计；
5．产品外观系列包装；
6．产品宣传品设计(宣传页、产品DM设计、产品说明书设计)；
7．产品户外宣传发布(报纸广告、车体广告、灯箱广告)。

商品的诞生
Birth Of Goods

第八章　产品设计与开发案例

商品的诞生
Birth Of Goods

后 记

很多人以各种不同的方式为本书的出版付出了自己的努力,他们提供了大量的数据、实例和观点。感谢杭州瑞德设计有限公司的朋友,他们提供了案例,给了我们很多的帮助。

我们也得到了我们的同事和领导的大力协助,尤其是要感谢浙江工业大学教务处为我们提供了一个产品设计主干课程改革的机会。

《商品的诞生》在编写的过程中,李娟、潘荣确定了本书的框架、大纲。李娟对书的全部章节作了文字整理工作。

第一章:李娟编写　　　　　第二章:潘荣、金惠红编写
第三章:李娟编写　　　　　第四章:董星涛编写
第五章:金惠红、李娟编写　　第六章:李娟编写
第七章:李娟编写　　　　　第八章:李娟编写

夏颖翀为本书提供大量的图片及版式设计工作。

我们也感谢班级里的几位学生李峰鸿、吕栋、何剑波、沈阳等对本书提供了很大帮助。他们对使用这些方法进行产品设计与开发的结果进行了的大量观察和记录,并且提供了一些有意义的意见,使得成书的材料得到进一步润色。

由于时间和联系的不方便,一些文字和图片资料的作者在本书中未有说明,在此一并表示最真诚的感谢。

工业设计改革系列教材的团队的工作是极佳的,尤其要感谢我们的责任编辑李东禧先生坚持不懈的努力,和持之以恒的精神。

最后,感谢家人的关爱和支持。我们的家人给予了诸多鼓励,在本书编写漫长的过程中表现出了持久的耐心。

时间的仓促和知识的局限,使得本书有各种不足之处。欢迎以不同的方式为本书提供宝贵的意见,我们不胜感谢。

参考文献

1. 李倩茹，张乐，李培良著.新产品开发、定位与销售.广州：广东经济出版社，2002
2. (美)卡尔·T，犹里齐，斯蒂芬·D，埃平格著，扬德林主译.产品设计与开发.大连：东北财经大学出版社，2001
3. (美)格伦·厄本，约翰·豪泽著，韩冀东译.新产品的设计与营销.北京：华夏出版社，2002
4. 甘华鸣.新产品开发.北京：中国国际广播出版社，2002
5. 何人可.工业设计与设计管理.2002
6. 张福昌.设计过程与方法.济南：山东美术出版社，1995
7. 李砚祖.设计：在科学与艺术之间
8. 许平，潘琳 编著.可持续设计.南京：江苏美术出版社，2001
9. 蔡建国，郭茂，童劲松著.可持续产品设计的研究现状及关键研究内容.上海：上海交通大学出版社
10. 路易斯 E.布恩，大卫 L.库尔茨·当代市场营销学.北京：机械工业出版社，2003
11. 吴健安，郭国庆等.市场营销学.北京：高等教育出版社，2000
12. 宋小敏，宋先道等.市场营销学.武汉：武汉工业大学出版社，1994
13. 徐鼎亚.市场营销学.上海：复旦大学出版社，1999
14. 黄良辅.工业设计.北京：中国轻工业出版社，1996
15. 汤重熹等.设计管理项有益的投资.设计新潮杂志，1990
16. 孟明辰.并行设计.北京：机械工业出版社，1999
17. 吴翔.产品系统设计.北京：中国轻工业出版社，2000
18. 杨君顺.设计管理模式的探讨，2002
19. 刘国余.设计管理.上海：上海交通大学出版社，2003